CLAUDI ALSINA

Los matemáticos serios son los que no se ríen nunca

CLAUDI ALSINA

LOS MATEMÁTICOS SERIOS SON LOS QUE NO SE RÍEN NUNCA

Personalidades excéntricas, pecados inconfesables, anécdotas y retos recreativos

Ariel

Primera edición: febrero de 2024

Iconografía: DAU/Grupo Planeta

Avda. Diagonal, 662-664, 08034 Barcelona
Editorial Ariel es un sello editorial de Planeta, S. A.
www.ariel.es
www.planetadelibros.com

ISBN: 978-84-344-3732-6
Depósito legal: B. 1.075-2024

Impreso en España

PEFC
PEFC/14-38300305
PEFC Certificado
Este libro procede de bosques gestionados de forma sostenible
www.pefc.es

Siempre he sabido que las grandes sorpresas nos esperan allí donde hayamos aprendido, por fin, a no sorprendernos de nada.

JULIO CORTÁZAR

La vida debe ser vivida y la curiosidad debe mantenerse viva.

ELEANOR ROOSEVELT

Cuando creíamos que teníamos todas las respuestas, de pronto, cambiaron todas las preguntas.

MARIO BENEDETTI

Índice

Prospecto: información para lectores

Lea todo el prospecto detenidamente antes de empezar a usar este libro, porque contiene información importante para usted.

- Conserve este prospecto y no lo arranque, ya que quizás tenga que volver a leerlo.
- Si tiene alguna duda o experimenta efectos adversos, consulte a matemáticos de confianza. El título del libro *Los matemáticos serios son los que no se ríen nunca* es una frase atribuida al gran matemático español don Julio Rey Pastor, que da pie a dudar de la mítica seriedad atribuida a los matemáticos.

1. Qué es este libro y para qué se utiliza

Esta obra sobre matemáticos presenta una selección de hechos curiosos o sorprendentes sobre los protagonistas de esta bella pero no siempre apreciada ciencia.

El centro de atención de esta obra son las personas de matemáticas, un grupo con larga historia y características propias. El carácter sorpresivo de cada apartado ha demostrado ser efectivo para desarrollar una visión mejorada de las matemáticas.

Como precedentes, cabe citar que publiqué *Los matemáticos no son gente seria* con Miguel de Guzmán y, más tarde, *El club de la hipotenusa,* obras centradas en anécdotas sobre matemáticos. Este libro incluye nuevas historias, una visión panorámica sobre el quehacer matemático y más de cincuenta anécdotas que he vivido con colegas del gremio.

2. Qué necesita saber antes de empezar a leer

No lea este libro...

Si su aversión a las matemáticas es patológicamente activa y no desea cambiar. La lectura de esta obra podría contribuir a que experimente un interés por la disciplina insólito para usted.

Advertencias y precauciones

Debe tomarse su tiempo y leer pausadamente. Una lectura rápida o ligera podría producir efectos no deseados. El tratamiento de fobias es siempre lento.

Uso de este libro simultáneamente con otros libros

La lectura de esta obra es compatible con la de otros libros de divulgación matemática. De hecho, se ha detectado que la lectura simultánea potencia una actitud positiva hacia esta disciplina.

Embarazo y lactancia

No se conocen efectos adversos a la lectura de este libro durante el embarazo o periodo de lactancia.

Conducción y uso de máquinas

No es probable que la lectura del libro afecte a la capacidad de conducir ni de usar herramientas o máquinas, pero evite hacerlo durante estas actividades.

3. Cómo leer este libro

- Las líneas de texto deben leerse de izquierda a derecha y de arriba abajo.
- Los capítulos del libro son independientes y pueden leerse en cualquier orden, aunque es recomendable recordar lo que ya se ha leído en caso de lectura aleatoria.
- El primer capítulo describe las características personales y profesionales de la gente dedicada a las matemáticas y va de la precisión al despiste, de las ingenuidades a los epitafios, del interés por lo imposible a los vestidos de los catedráticos.
- El segundo capítulo aborda la matemática recreativa, el humor, las adivinanzas, los puzles, etc., además de proponer veinticinco retos lúdicos (las soluciones están al final del libro para evitar ansiedad).
- El tercer capítulo trata de los errores, así como de sus afamados protagonistas o sus consecuencias sociales.
- El cuarto capítulo expone los pecados capitales más comunes en el mundillo matemático, como la gula, la pereza, la envidia y la soberbia. También se tratan los suicidios.
- El quinto capítulo, inesperado, se centra en maldades y escándalos de matemáticos, como terrorismo, prostitución, traiciones y robos intelectuales, discriminaciones y vetos.
- El sexto capítulo versa sobre el profesorado de Matemáticas y sus virtudes y defectos, las fobias que nacen

de un mal aprendizaje, el grave anumerismo social, los escándalos de la evaluación y el gran reto de desaprender para volver a aprender.
- El último capítulo se compone de una colección de recuerdos personales de matemáticos que he conocido, con anécdotas memorables que espero que resulten divertidas.

Si lee más rápido de lo que debiera

Podría perderse algunos detalles, por lo que es recomendable una lectura pausada.

Si interrumpe la lectura

Puede volver a la lectura en cualquier momento.

4. Posibles efectos adversos

Hoy por hoy, se desconocen efectos adversos provocados por la lectura de este libro.

Efectos adversos debido a la lectura prolongada

No es recomendable leer repetitiva y obsesivamente la obra. Por favor, no memorizar.

5. Contenido e información adicional

Como resultado de la lectura, muchos han experimentado una mejoría notable respecto de su aversión matemática. Incluso algunos se han animado a buscar material complementario a la obra.

6. No financiación pública

Este libro no se ha considerado esencial para la población y, por tanto, no se administra con financiación de la Seguridad Social.

* * * * * * * * * * * *

DECLARACIÓN

Este libro se ha escrito sin ninguna ayuda de la inteligencia artificial.

AGRADECIMIENTO

El autor agradece a Emilio Albi Piquer, a Caterina Da Lisca y a todo el equipo técnico de la Editorial Ariel su buen trabajo en todo el proceso de edición de este libro.

1

Homo mathematicus

> Matemático: máquina que, con papel, lápiz y café, produce teoremas.
>
> Aforismo popular

Las personas interesadas por las matemáticas o dedicadas a ellas existían ya en los tiempos más remotos y se consagraban a una amplia gama de actividades; principalmente, a hacer mediciones o cálculos. Los desplazamientos, la navegación, el calendario estacional para la agricultura, las construcciones, los caminos y puentes, la venta de productos, el pago de impuestos... motivó a personas listas a comenzar a desarrollar las matemáticas. Muchos años después (miles), se investigaron teoremas o técnicas, se inició la enseñanza de la ciencia y se aplicaron los resultados en todo tipo de situaciones. Los humanos primitivos compartían con los matemáticos ya profesionales, enamorados de su oficio, el interés por resolver problemas, descubrir ideas, poner en común resultados o aplicarlos... Lástima que tantas personas hayan estudiado matemáticas obligadas, pero no hayan disfrutado como sus profesores y no tengan recuerdos escolares agradables o hayan desarrollado fobias terribles.

El cultivo matemático nunca ha sido motivado por intereses económicos o ambiciones sociales, así que solo el amor por este oficio puede justificar tantos miles de contribuciones.

Este capítulo hace referencia a virtudes y características del *Homo mathematicus.*

Paciencia matemática

La paciencia es la virtud de enfrentarse a situaciones complicadas que requieren tiempo y perseverancia para intentar llegar a alguna solución o propuesta. Hay que soportar contratiempos y ser prudentes para actuar con fortaleza y sin lamentarse.

En este primer apartado, nos referiremos a la paciencia matemática e intentaremos aclarar sus características. Por ello, no nos interesa el concepto cristiano de paciencia como virtud opuesta al pecado capital de la ira, ni el uso de la denominación «pacientes» con que la medicina califica a sus clientes, pues es una visión relacionada con el sufrimiento.

La paciencia investigadora

Al iniciar una investigación o intentar resolver un problema, nunca está claro el tiempo que va a necesitarse: pueden pasar dos minutos o varios siglos, superando nuestra vida, hasta que alguien con más suerte llegue a propuestas válidas. La espera de una idea feliz puede ser larga. Pero, además, cabe notar que, cuando se busca algo nuevo, lo primero es formular el enunciado para hallar respuestas correctas. ¡Más paciencia! Veamos algunos ejemplos.

La paciencia geométrica de Hermes

El personaje que merece especial reconocimiento por su paciencia hasta la obtención de un resultado es, sin lugar a duda, el matemático alemán Johann Gustav Hermes (1846-1912).

Hermes nació en Königsberg e intervino en la guerra franco-prusiana. Estudió Matemáticas y, en 1879, presentó una brillante tesis doctoral, por lo que, a partir de entonces, se dedicó a la docencia en diversas instituciones.

Entre 1884 y 1894, Hermes se dedicó a dibujar con regla y compás el polígono de 65.537 lados inscrito en una circunferencia dada. Era bien conocido el teorema de Gauss-Wantzel según el cual los primeros polígonos regulares con un número primo de lados que podían inscribirse en una circunferencia con regla y compás eran los de 3, 5, 17, 257 y 65.537 lados, pero nadie había tenido la paciencia de trazar esta figura. Hermes lo logró en tan solo diez años (!) y dejó un manuscrito sobre este polígono de doscientas páginas que hoy se conserva como un incunable en la Universidad de Göttingen, aunque tengo serias dudas de que alguien lo haya consultado. En 1899, el mismo Hermes acabó un importante discurso con la frase: «Geduld ist die Pforte der Freude», es decir, «La paciencia es la puerta de la alegría».

La paciencia numérica

William Shanks (1812-1882) dedicó veinte años a calcular los primeros 707 decimales de pi, trabajo que culminó en 1853. Mucho después de su muerte, en 1945, alguien descubrió que Shanks había cometido un error en el decimal 528 y, por ello, del 528 al 707 todos los decimales estaban mal. Nótese la extraordinaria paciencia de quien hizo la revisión completa.

Se sabe que dos calculistas mentales, Maurice Dagbert y Alexander Craig Aitken, memorizaron los 707 decimales de Shanks, por lo que Aitken se vio obligado a memorizar los decimales de pi correctos después del descubrimiento del error en 1945. Pero aún es más impresionante el récord actual del indio Rajveer Meena, quien memorizó setenta mil decimales de pi.

No obstante, en este tema de los decimales de pi, ahora la paciencia va ligada a los ingeniosos procesos computacionales capaces de calcular trillones de decimales. Alexander J. Yee y Shigeru Kondo lograron el récord de tiempo pasado calculando decimales de pi: noventa y cuatro días, tras los que obtuvieron 12,1 billones de dígitos. En 2016, el suizo Peter Trüb consiguió calcular 22.459.157.718.361 decimales utilizando los servidores de su trabajo, aunque luego fue superado por Haruka en nueve billones. En concreto, Haruka ha determinado los primeros 31.415.926.535.897 decimales aprovechando el centro de cálculo de alto rendimiento de Google Cloud, con veinticinco nodos trabajando sin parar 111,8 días.

En la página web The Pi-Search Page, aparecen más de doscientos millones de decimales de pi. Al introducir una tira numérica, el programa indica a partir de qué lugar de los decimales de pi se encuentra.

Por ejemplo, si busco mi fecha de nacimiento, 30/01/1952, mediante la tira 30011952, esta aparece después del decimal del lugar 106.131. ¡Suerte!

Generosidad matemática

La virtud de la generosidad, opuesta a la avaricia, es la capacidad de compartir lo propio con quien menos tenga o de dar al necesitado sin pensar en el bienestar personal primero. Como los matemáticos, en general, no suelen contar con una economía holgada, su generosidad en el sentido material del término ha sido siempre limitada. Sin embargo, su generosidad en el sentido intelectual de ayudar a otros a participar en investigaciones ha sido muy amplia.

Dirigir una tesis doctoral es un gran acto de generosidad intelectual que exige dedicación y paciencia, pues el doctorando realiza su primer trabajo de investigación y debe aprender los secretos de este oficio. Hace ya muchos años, el matemático americano Harry Coonce inició un curioso proyecto con el respaldo de su universidad, la Universidad Estatal de Dakota del Norte, el Proyecto de Genealogía Matemática, cuya web encontrarás en el apartado de fuentes consultadas. La idea inicial fue elaborar un listado exhaustivo de matemáticos con doctorado indicando sus ancestros académicos (su director de tesis, el director de este director...) y sus descendientes (estudiantes cuya tesis ha dirigido y los doctorandos de estos). El proyecto, de ámbito internacional, ha sido de gran complejidad, sobre todo para obtener datos de antepasados, pero en el día que escribo esta página (22 de agosto de 2022) lleva 280.022 nombres.

Entre los matemáticos top, se encuentran los siguientes, con más de cien doctorandos:

C.-C. Jay Kuo	151
Roger Meyer Temam	124
Pekka Neittaanmäki	108
Andrew B. Whinston	107
Shlomo N. Sawilowsky	105
Willi Jäger	101
Alexander V. Mikhalëv	100
Ronold W. P. King	100

El primero de la lista, C.-C. Jay Kuo (Taiwán, 1957), con 151 estudiantes de doctorado, es un caso extremo de generosidad. En su currículo se descubre que este profesor de la Universidad del Sur de California, especialista en temas de multimedia, señales, códigos, comunicaciones sin hilos, etc., tiene 36.000 citaciones de sus 14 libros, 11 libros como coautor, 280 artículos de revistas y 940 artículos en congresos, con fondos provenientes de setenta compañías. ¡Vaya marcha!

En el listado constan 4.309 matemáticos españoles, entre los que destacan algunos que han creado escuela, como se detecta por el número de descendientes: Ricardo San Juan (530), Sixto Ríos (291), José Orts (272), Manuel Valdivia (196), Carles Simó (181), etc. También se pueden descubrir cosas curiosas, por ejemplo, que de don Julio Rey Pastor constan dos directores de tesis: Eduardo Torroja y el gran Felix Klein, o que Vicent Caselles fue el más citado en su especialidad. Con paciencia y tirando del hilo, se llega a descubrir en qué rama están los ancestros matemáticos. En algunos casos, se retrocede bastante. Por ejemplo, vemos que de Gregory Chioniadis, de 1296, consta un doctorando, pero 195.249 descendientes. No obstante, hay que tener en cuenta que faltan muchos datos históricos y actuales.

Un pequeño negocio derivado de este proyecto es la venta de pósteres con el grafo de nombres de ancestros y descendientes especialmente preparados para personas o departamentos. Un bonito regalo para un matemático que esté en la lista.

Asimismo, existen ONG y fundaciones sin ánimo de lucro dedicadas a temas educativos donde participan matemáticos que ofrecen sus enseñanzas gratis a maestros o profesores de países en desarrollo, como El Salvador o Nicaragua. Recuerdo en particular los esfuerzos en este ámbito de Miguel de Guzmán, Mari Luz Callejo, Luis Balbuena, Agustín Carrillo o Josep Callís.

Elegancia matemática

Atribuimos el término *elegancia* a todo aquello que es bello y sencillo. En moda o decoración, la elegancia va ligada al buen gusto y a la simplicidad.

Pero ¿puede hablarse de elegancia matemática? La respuesta es sí y en dos aspectos: en las pruebas de teoremas o razonamientos y en la presentación de resultados.

En estos casos, los matemáticos consideran que la elegancia viene determinada por no involucrar técnicas sofisticadas, por no usar simbolismos excesivos e incluso por la brevedad.

A lo largo de la historia, ha habido diferentes demostraciones para muchos teoremas, pero la búsqueda de la elegancia lleva a idearlas cada vez más simples y, por ello, más asequibles. Este es un ideal matemático que justifica la abundancia de artículos de investigación con nuevas demostraciones, algo muy apreciado. Pero desafortunadamente los resultados no siempre se presentan en términos simples (por ejemplo, el teorema de los cuatro colores o el último teorema de Fermat, demostrado por Wiles, cuyas pruebas son de difícil comprensión).

Un caso curioso de elegancia son las denominadas «demostraciones sin palabras», es decir, mediante imágenes que evidencian las relaciones clave.

Ejemplo:

El área del dodecágono regular inscrito en una circunferencia de radio 1 vale 3 (Roger B. Nelsen).

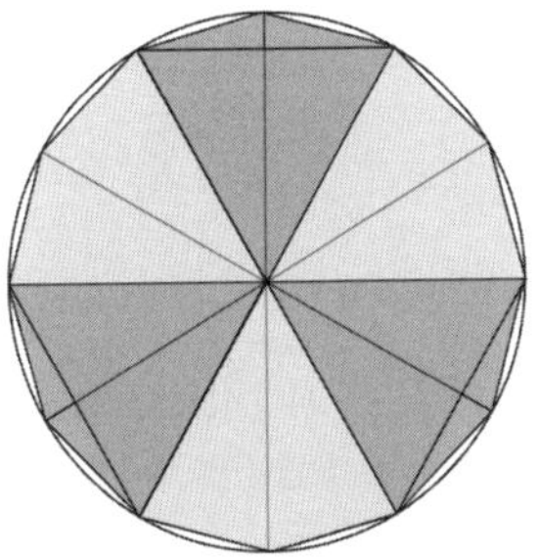

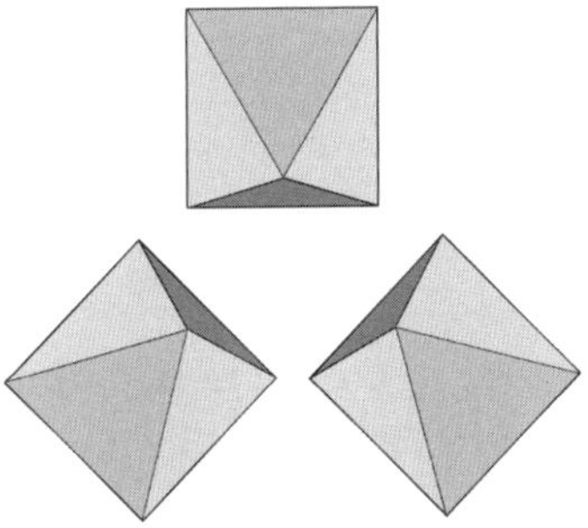

¡Mira! El área del dodecágono regular es 3

Un caso especialmente elegante es construirse una demostración propia del teorema de Pitágoras. No solo hay unos cuantos centenares de demostraciones visuales de este, sino que, de hecho, es posible hacer pruebas infinitas. Observa la figura (a).

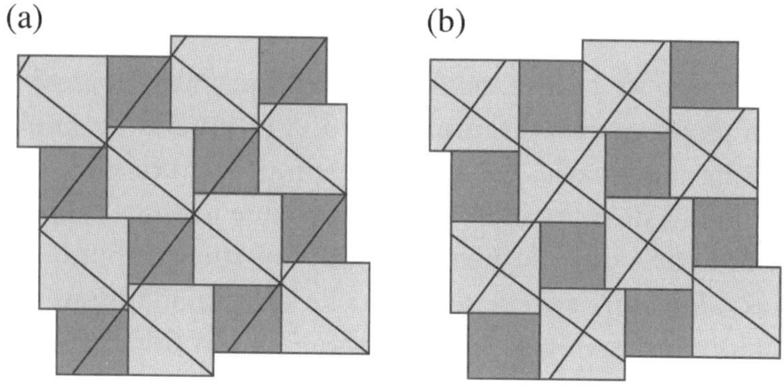

Demostraciones del teorema de Pitágoras

Con los dos cuadraditos que corresponden a los catetos de un triángulo rectángulo, trazas las líneas rectas que pasan por los vértices superiores de los cuadrados pequeños y sus perpendiculares: surge así una trama de cuadrados superpuesta al mosaico inicial, que será la de las hipotenusas. Fíjate bien: queda patente una demostración pitagórica. El desplazamiento de la trama de hipotenusas en (b) da otra demostración y, como este desplazamiento puedes elegirlo, ya tienes la manera de inventar tu propia demostración.

Inteligencia y matemáticas

Aunque la creencia popular así lo dicte, es un error restringir la inteligencia a la simple habilidad matemática, aunque, como a los coquetos matemáticos esto les parece bien, nunca han puesto en duda el piropo. Sin embargo, todo es mucho más complejo.

La idea de medir la inteligencia siempre ha supuesto un reto. El primer problema es definir qué es. Si bien las neurociencias adelantan que es una barbaridad, estudios publicados por el equipo de Emily Finn en *Nature Neuroscience* en 2015 aseguran que es posible evaluar la inteligencia personal a través de resonancias magnéticas del cerebro, tal como ha divulgado Josep Corbella. Se distingue la inteligencia fluida, relativa al razonamiento lógico que no va ligado a la experiencia, de la inteligencia cristalizada, fruto de las vivencias acumuladas. La primera crece hasta los veinticinco años y luego declina, pero la segunda va aumentando con la edad.

Las conexiones cerebrales forman un entramado característico en cada persona que permite predecir las actividades cognitivas del cerebro: la inteligencia humana plasmada en un mapa. El estudio de este mapa da pistas sobre cómo maximizar la inteligencia fluida mediante procesos educativos y aproximarse a enfermedades neurológicas aún misteriosas.

Hoy está muy vivo el debate sobre la inteligencia artificial, sus peligros y sus posibilidades. Por tanto, las discusiones respecto a lo que es la inteligencia formarán parte de nuestra vida cotidiana, y las matemáticas estarán presentes en ellas más que nunca.

El intento de medir la inteligencia se remonta muchísimos años. Primero, se abordaron las observaciones empíricas sobre los comportamientos y reacciones de la persona (método que sigue siendo de interés hoy), pero pronto (década de los ochenta en el siglo XIX) se idearon test para cuantificar la inteligencia humana (psicometría), de la mano del estadístico inglés Francis Galton. No obstante, no fue posible relacionar los resultados de dichas pruebas con determinados factores observables del individuo (por ejemplo, tamaño de la cabeza, reflejos, etc.).

En 1905, el psicólogo francés Alfred Binet y su equipo elaboraron la escala de Binet-Simon, que prestaba especial atención a las habilidades verbales; en 1916, esta dio lugar a la escala de Stanford-Binet, especialmente popular en Estados Unidos. Las seguirían diversas versiones de los test de coeficiente intelectual (CI), en los cuales se plantean cuestiones visuales y verbales con respuesta múltiple. Desde los estudios de Charles Spearman en 1904, la idea de que este tipo de prueba permitía calibrar los niveles generales de inteligencia ha ido extendiéndose, al margen de las habilidades específicas de la persona; es decir, con los test generales no era preciso calibrar la inteligencia mediante test de materias concretas.

Avances en estudios cognitivos han permitido fijar una lista de diez grandes habilidades, que a su vez se subdividen en setenta habilidades más restringidas. Son las siguientes:

1. Inteligencia fluida (razonar, conceptualizar, resolver problemas)
2. Inteligencia cristalizada (a partir de lo aprendido, comunicación)
3. Razonamiento cuantitativo
4. Habilidades de lectura y escritura
5. Memoria a corto plazo reutilizada
6. Memoria a largo plazo
7. Habilidades visuales
8. Habilidades auditivas
9. Velocidad de reacción
10. Decisión/reacción en tiempo/velocidad

Viendo la lista, se aprecia que la formación matemática siempre resulta ventajosa para salir airoso de algunas cuestiones que las pruebas plantean.

Además, no se ha renunciado a un número mágico final que cuantifique el nivel global de inteligencia, lo que da lugar a una escala ordinal por puntos:

Más de 140... Genio o casi genio
120-140......... Inteligencia muy superior
110-119......... Inteligencia superior
90-109......... Inteligencia normal o media
70-79......... Deficiencia límite de inteligencia
Menos de 70... Débil mentalmente

Se ha considerado que para cursar un doctorado en Matemáticas sería razonable tener un CI de al menos 120, pero es bien sabido que este no garantiza nada: hace falta talento, motivación, interés, imaginación... Por ejemplo, hay matemáticos muy dotados para el estudio, pero no disponen de la creatividad suficiente para plantear temas nuevos y son inútiles a la hora de resolver temas cotidianos.

En matemáticas, a veces la clave de la creatividad está en formular las preguntas adecuadas, en establecer conexiones, en prestar especial atención a retos que lleven a resultados relevantes, etc. Y ello vale tanto en las especialidades abstractas como en las aplicadas.

El paraíso simbólico

¿Cómo designar cantidades dadas o cantidades desconocidas (incógnitas) sin usar números concretos? Para nosotros, una ecuación como $ax + b = c$ nos indica unos coeficientes generales —*a, b, c*— y una incógnita —*x*— que en general se halla como sigue: $x = \frac{(c - b)}{a}$. Hasta llegar aquí, mucho ha llovido en notaciones para los cálculos algebraicos.

En la Antigua Grecia, surgió la tradición de usar letras (griegas, por supuesto: α, β, χ...) para designar cantidades arbitrarias; así lo hizo, por ejemplo, Aristóteles. Para indicar incógnitas, Diofanto usó una letra con un acento.

En el siglo XIII, Leonardo de Pisa (Fibonacci) popularizó el uso de las letras minúsculas (*a, b*...) para las cantidades conocidas, convención que sigue vigente. Otros gustaban de usar iniciales de palabras clave, como la *q* de *quantita* (Stifel, Cardano...).

Por su parte, tanto François Viète (1540-1603) como Thomas Harriot (1560-1621), que tanto influyeron en la notación algebraica, prefirieron las consonantes para las cantidades dadas y las vocales para las incógnitas. En otros casos, las incógnitas se simbolizan con mayúsculas —*A, B, C, D,*

E— (Michael Stifel, 1544) o con la *N* de *número* (Gulielmus Xylander, 1575).

Resulta curioso que el hecho de que, durante siglos, los italianos utilizaran la palabra *cosa* para designar la incógnita llevara a que quienes se dedicaban al álgebra fueran conocidos como «cósicos».

Todo parece indicar que fue René Descartes, en su *Geometría*, de 1637, el que decidió usar las letras *a, b, c*... para cantidades conocidas y *z, y, x*... (obsérvese el orden) para incógnitas. En su libro, para las rectas del plano, aparece la ecuación: $ax + by = c$. Ahí comienza también la tradición de usar las letras *x, y, z* para expresar las coordenadas cartesianas (¡faltaría más!) de los puntos del plano (x, y) o del espacio (x, y, z).

Una anécdota (recogida en Johnson, 1994) cuenta que el impresor de *Geometría*, a medida que avanzaba la composición de las cajas de letras de plomo, empezó a notar que le faltaban *x, y* y *z*, pues aparecían muchas veces en el texto, así que preguntó a Descartes si le daba igual que usase más la letra *x*, menos frecuente en palabras francesas que la *y* o la *z*. Y el autor respondió afirmativamente: así, la *x* triunfó sobre las otras por un motivo muy poco intelectual.

Observa que la letra *x* ha ido prosperando con el paso del tiempo y hoy está presente en nuestra vida para designar cosas tan dispares como multiplicación, incógnita, variable, empate en quinielas, el 10 romano, tallas más grandes, cine erótico o de ficción, rayos (radiografías) y, como culminación, el logo sustituto del pajarito de Twitter por decisión de Elon Musk. ¡Larga vida a la *x*!

El matemático inglés William Oughtred (1574-1660) fue uno de los más influyentes del siglo XVII en Gran Bretaña. Siendo ministro episcopal, se aficionó a las matemáticas y a su enseñanza, con la suerte de contar entre sus alumnos al futuro matemático John Wallis, al futuro arquitecto Christopher Wren (el de la cúpula de la catedral de San Pablo en Londres) y al futuro astrónomo Seth Ward. También fue autor de tres obras fundamentales: *Clavis mathematicae* (1631), *The Cir-*

cles of Proportion (1682) y *Trigonometris* (1657), e inventó reglas de cálculo deslizantes usando logaritmos.

Lo más curioso es su faceta como inventor de símbolos, pues en su tratado de 1631 introdujo 150 nuevos. Desafortunadamente, solo tres han sobrevivido: la cruz de multiplicar (×), los cuatro puntos para proporciones (::) y la virgulilla (~) para diferencias (hoy usado como semejanza).

Ya lo dijo Karl Pearson: «El matemático, que se encuentra bajo su diluvio de símbolos y, al parecer, trabaja con verdades puramente formales, puede aún alcanzar resultados de infinita importancia para nuestra descripción del universo físico».

En efecto, el reino de las matemáticas está instalado en el paraíso de los símbolos. Su invento no ha sido, como creen muchas personas, para fastidiar a los estudiantes o para complicar las cosas. ¡Al revés! Los símbolos sirven para simplificar las descripciones y facilitar la operatividad. Calcular 12 × 12 = 144 es simple gracias a las cifras usuales, pero era complejo hacerlo, por ejemplo, en números romanos (XII × XII = CXLIV), y aún sería peor operar con palabras: doce por doce igual a ciento cuarenta y cuatro.

Al ver textos matemáticos, sorprende la enorme cantidad de símbolos que aparecen de categoría diversa. Primero, encontramos símbolos numéricos que nos permiten escribir los naturales en base 10:

0, 1, 2, 3, 4, 5, 6, 7, 8, 9

Combinando sabiamente algunas letras mayúsculas, escribimos los números en el sistema romano:

I, V, X, L, D y M

Pero de inmediato aparecen otros símbolos en escena para ayudar a expresar enteros negativos, fracciones o raíces:

$$345, -8, -4 / 3, 3\ \%, 567 / 456, 34 : 32, \sqrt{2}, 5^{1/3}\ldots$$

Para denotar cantidades generales o variables, se usan letras del alfabeto latino:

a, b, c, d, e, f, g, h, i, j, k, l, m, n, ñ, o, p, q, r, s, t, u, v, x, y, z

Incluso hay letras que dan nombre a números:

e, i

Pero, para fastidio de los lectores de textos matemáticos, a menudo también se usan letras del alfabeto griego:

α β χ δ ε φ γ η ι κ λ μ ν ο π θ ρ σ τ υ ϖ ω ξ ψ ζ

Y, por si fuera poco, hay una auténtica tropa de símbolos enigmáticos que son estrictamente de uso matemático para operar, comparar, calcular…

! ∀ # ∃ % & ∍ ( ) + , − . / : < > ≅ [∴] ⊥ _ ‾ { | } ~ □ ϒ ′ ≤ / ∞
f ↔ ← ↑ → ↓ ° ± ″ ≥ × ∝ ∂ • ÷ ≠ ≡ ≈ … | — ⊗ ⊕ ∅ ∩ ∪
⊃ ⊇ ⊄ ⊂ ⊆ ∈ ∉ ∠ ∇ ∏ √ · ¬ ∧ ∨ ⇔ ⇐ ⇑ ⇒ ⇓ ∑ ∫ 〈 〉

¡Uf! Más que un paraíso, parece un verdadero infierno. Eso creen los pobres estudiantes, que deben seguir las explicaciones de profesores sumamente aficionados a pintar símbolos en la pizarra.

Hoy, estos símbolos aparecen en dos sitios inesperados: tatuajes y objetos de *merchandising* matemático. Los hoy llamados «tattoos» se han puesto de moda y, si bien los matemáticos no son buenos clientes de este negocio, hay muchas personas que gustan de exhibir símbolos matemáticos en brazos, cuello, espalda, etc. Cifras del número pi o del número de oro, espirales, ecuaciones, funciones, etc., adornan el cuerpo, aunque a veces quien lo lleva encima no lo entienda.

El *merchandising* matemático sí que lo adquieren con orgullo los adeptos a la disciplina: camisetas, tazas, lápices, sombreros, mapas... para demostrar su amor por sus símbolos.

El extraño caso de los distintos iguales

Hasta hoy, tenías claro lo que era una igualdad y pensabas inmediatamente en la mítica 2 + 2 = 4. Tras leer este apartado, puede que lo veas todo muy complicado, pues iguales hay muchos y muy distintos. Parece una paradoja: hay muchos iguales distintos.

La propia palabra *igual* corresponde a categorías gramaticales diversas: es un adjetivo, un nombre, un adverbio y una locución adverbial. En el diccionario de la RAE, para la palabra *igual* se hace referencia, entre otras cosas, a:

1. adj. Que tiene las mismas características que otra persona o cosa en algún aspecto o en todos. Dicho de una superficie: Lisa, que no tiene cuestas ni profundidades. Muy parecido o semejante. Proporcionado, en conveniente relación. Constante, no variable. Del mismo valor y aprecio. De la misma clase o condición...

El primer lío está servido: la igualdad entendida como semejanza.

Si rebuscas más, pronto advertirás que con la maravillosa palabra *igual* se puede formular una ingente cantidad de comparaciones, descripciones, críticas, juicios, etc. Por ejemplo, sirve para expresar dudas:

> «Igual mañana ya es demasiado tarde»;
> mostrar indiferencia:
> «Me da igual ir hoy o ir mañana»;
> identificar categorías o clases:
> «Le hablo de igual a igual».

Se usa para apuntar posibilidades:
«Aunque sea tarde, igual salgo a pasear»;
hablar de cosas que no cambian:
«De carácter, el hijo es igual que el padre»;
manifestar parecidos o semejanzas:
«Es prácticamente igual»;
indicar el carácter conservador de una acción:
«Esta receta la prepara siempre igual»,
e incluso para referirse a repeticiones en sorteos:
«Cuarenta iguales para hoy».

Para acabar de liarla, en la actualidad los medios políticos, intelectuales, sociológicos y filosóficos han popularizado el término *equidad*, que no deja de ser una igualdad matizada. En la vorágine de lo políticamente correcto, la equidad parece ganar terreno a la igualdad, obviando el canto conservador de Julio Iglesias: «La vida sigue igual».

Las igualdades sociales mueven el mundo: igualdad de oportunidades, igualdad entre colectivos, igualdad en accesos, la igualdad en el derecho a la educación y, por supuesto, igualdad jurídica. Basta recordar el lema revolucionario francés: «Libertad, igualdad, fraternidad».

En lo religioso, la clave de todo es que todos somos iguales a los ojos de Dios.

La igualdad también afecta hoy a la industria: la igualdad de calidad o de lo producido en serie, así como los temas legales de plagios, patentes, derechos de autor, falsificaciones, piratería, etc.

En el mundo científico-técnico, las igualdades aparecen en leyes y fórmulas, y hoy existen casos de gran calado y motivo de discusiones éticas, como la clonación humana o animal.

Y, por supuesto, queda por mencionar el ámbito de las matemáticas, donde quizás esperes que lo de ser igual resulte claro e indiscutible. Pues no. Este caso es de los peores: bajo la aparente simplicidad, se esconden grandes confusiones.

El símbolo = para designar igualdades matemáticas apareció por primera vez en el libro *The Whetstone of Witte* (*El afilador del ingenio*), publicado en 1557, del galés Robert Recorde (1510-1558), pues este consideró que no hay dos cosas más iguales que las dos rayitas. Antes de esta obra, el símbolo matemático para igualdades era || en ciertos casos, pero mayoritariamente se usaba la abreviatura *ae* de la palabra latina *aequalis* 'igual'.

El repertorio de igualdades matemáticas es muy variopinto:

—Igualdades numéricas simples entre ciertos números:

$$27 = 24 + 3$$

—Igualdades universales entre valores a y b:

$$(a + b)^2 = a^2 + b^2 + 2ab$$

—Igualdades que expresan dependencias entre variables:

$$Y = 2x,$$

donde la variable x es cualquier valor real y de ella se deduce y.

—Igualdades que son ecuaciones:

$$3x + 4 = 0$$

Recuerda la famosa pregunta escolar: «Profe, ¿cómo puede ser que hoy sea $x = 3$ si ayer era $x = 2$?».

Que los distintos iguales te acompañen.

El despiste

Esta característica es común desde siempre entre la comunidad matemática. Contrasta enormemente el rigor y la precisión de los pensamientos matemáticos con las salidas de tono y confusiones fruto de sonados despistes. He llegado a la conclusión de que el despiste se debe a la falta de atención: estando la mente concentrada en alguna idea, en cómo resolver un problema o en la concreción de un resultado, todo lo demás que ocurre en la vida normal pasa a un segundo plano. Por ello, en matrimonios con al menos un cónyuge matemático, se oye con frecuencia «¡Te lo acabo de decir!, ¿es que no me escuchas? ¿En qué estabas pensando?».

Recuerdo que Miguel de Guzmán siempre evocaba a su maestro Alberto Calderón dando clase con un cigarrillo en una mano y una tiza blanca en la otra y confundiendo a menudo el uso de cada mano: intentos de escribir en la pizarra con el cigarrillo o de fumar la tiza.

En el MIT de Boston, aún se recuerdan los despistes del gran Norbert Wiener: no recordaba la dirección de su casa o, ante el saludo «Buenos días, profesor Wiener», se tocaba la cabeza y decía «Ah, sí, Wiener».

La afición por viajar

Asistir a congresos, dictar conferencias o hacer estancias en otros centros (sabáticas) son tres tipos de actividades que quizás estén en la base de la reconocida afición a viajar de todos los matemáticos. La limitada economía de los del club de la hipotenusa implica que los viajes acostumbren a realizarse en modestas condiciones: desplazamientos en coches propios, trenes lentos o aviones de compañías *low cost* y estancias en pensiones, residencias de estudiantes o casas de colegas. A pesar de todo, viajan y les debe de gustar.

Sirva de ejemplo el caso del gran Marshall H. Stone, de quien se decía: «¿Cuál es la mejor estrategia para encontrarlo?». La respuesta era: «Quédate donde estás, él ya vendrá». Murió en la India durante un viaje.

Otro caso es el de don Pedro Pi Calleja, que durante su exilio recorrió toda Argentina con una guía Michelin en la mano, donde iba apuntando su valoración de las descripciones que en ella salían, y era habitual que mandara cartas de encendida protesta cuando la guía expresaba elogios exagerados a lugares que él calificaba de dudoso interés.

Paul Erdös (véase capítulo 7) siempre fue un matemático errante sin domicilio fijo, pues vivía allí a donde iba de visita o viaje. Él traducía literalmente la amable frase americana «Come and visit us again» como una invitación formal a regresar.

Cabe mencionar dos excepciones: Martin Gardner no viajó nunca a pesar de las muchas invitaciones que recibió y Karl Menger rehusó volar en avión durante décadas después de que su discípulo Abraham Wald muriera en un accidente aéreo.

El desinterés económico

Ni siquiera los especialistas en matemática financiera logran amasar fortunas. En la historia matemática, solo han existido ricos gracias al patrimonio familiar. La enseñanza ha acabado de sumergir este oficio en la miseria. La sobrededicación del profesorado a las extraescolares (concursos, olimpiadas, visitas…), mucho más allá de sus obligaciones, es de un altruismo único, de nula ambición económica. Además, hoy son muchos los que ayudan al tercer mundo o participan en actividades sociales sin ánimo de lucro.

Posiblemente, como consecuencia de su desinterés crematístico, los matemáticos acostumbran a vestir de forma sencilla, usan coches de segunda mano, no frecuentan lugares caros, etc. Por esto, no son especialmente valorados por madres con hijas casaderas, que no ven en ellos un futuro halagüeño para su prole.

No te pierdas la historia de Grigori Perelman: este eminente matemático ruso con una vida más que modesta resolvió la conjetura de Poincaré usando complejos recursos, pero renunció a recibir la medalla Fields en verano de 2006 y tampoco quiso cobrar la recompensa de un millón de dólares del Instituto Clay. Se puede ser un genio pero muy corto en la vida real.

La obsesión por la precisión

Animados por el rigor que aplican a su actividad, los matemáticos tratan (con poco éxito) de ir por la vida intentando trasladar sus precisas consideraciones a la vida cotidiana. Por ejemplo, usando decimales imposibles de usar en situaciones prácticas. Nunca aceptarán que 0,99 € es 1 €; al poner notas, defenderán con pasión que un 4,9 no es un 5; recriminarán que alguien haga un cálculo dando al número pi el valor 3,1...

Este mismo rigor numérico lo traspasan al uso del lenguaje siendo exigentes en las descripciones de las cosas. Muchas de las graciosas historias que comparan matemáticos con físicos o ingenieros hacen referencia a este rigor superlativo en los relatos verbales (véase el apartado «El humor matemático» en el capítulo 2).

La mujer matemática

Como dice Marta Macho: «Las mujeres alcanzaremos un lugar más destacado en la ciencia cuando se cambie el concepto actual de competitividad por el de colaboración». Durante siglos, las mujeres que mostraron interés por las matemáticas no tuvieron la oportunidad de formarse en este campo ni de trabajar en él. Lo mismo ocurrió en las demás disciplinas científicas. El acceso a la educación superior de las mujeres fue vetado durante siglos. Basta recordar lo que costó que tuviesen derecho a voto en sociedades modernas para observar con tristeza una discriminación tan terrible como continuada en el tiempo.

En la Antigüedad, destaca con luz propia en el siglo III Hipatia de Alejandría: política, filósofa, astrónoma y matemática que escribió diversas obras, tuvo discípulos y murió asesinada por defender sus ideales.

A partir del siglo XVIII, encontramos mujeres con gran capacidad matemática y enorme fuerza de voluntad para estudiar de forma autodidacta, niñas prodigio en general. En esta época, destacó la francesa superdotada Émilie de Breteuil, marquesa de Châtelet, que tradujo las obras de Newton; la francesa Sophie Germain, apasionada por los números (hay unos primos con su nombre), que trabajó siempre independientemente, en la Royal Society inglesa solo le permitieron ser socia de honor y tuvo que usar el pseudónimo *monsieur* LeBlanc para su correspondencia con algunos genios del gremio; la italiana Maria Gaetana Agnesi, niña prodigio y autora de un interesante tratado de cálculo, y la escocesa Mary Somerville, matemática, astrónoma y científica autodidactica.

En el siglo XIX, destacaron la rusa Sofia Kovalevskaya, que hizo interesantes aportaciones y fue la primera profesora universitaria en Europa; la británica Florence Nightingale, gran enfermera y estadística que supo aplicar sus conocimientos a la epidemiología y a la estadística sanitaria; la alemana Emmy Noether (afincada luego en Estados Unidos), todo un referente internacional en álgebra abstracta, y la inglesa Grace Chisholm Young, que superó con diecisiete años los exámenes de Cambridge, pero no pudo acceder por ser mujer hasta 1889, cuando entró en el Girton College, gran centro matemático en el que enseñaba Arthur Cayley, donde su tutor, y futuro marido, fue William Young, aunque para el doctorado tuvo que ir a Alemania y, con la ayuda de Felix Klein, fue la primera en doctorarse allí en la especialidad.

A la británica Ada Lovelace (1815-1852), hija del afamado poeta *lord* Byron, se la debe considerar la primera programadora, autora del primer algoritmo para implantar en una máquina de computación. Al ser colaboradora de Charles Babbage, diseñador de la llamada «máquina analítica», Ada escribió su programa para esta. Desafortunadamente, ni la máquina llegó a fabricarse ni el programa funcionó nunca, pero sin estos pasos la computación no hubiese podido seguir adelante.

En el siglo XX, se incrementa enormemente la cantidad de matemáticas. Algunas pioneras bien reconocidas son la americana Julia Robinson, primera mujer miembro de la Academia Nacional de Ciencias de Estados Unidos (NAS, por sus siglas en inglés) y también primera presidenta de la Sociedad Estadounidense de Matemáticas (AMS, por sus siglas en inglés); la inglesa Mary Cartwright, doctoranda de G. H. Hardy y colaboradora de J. E. Littlewood, que consiguió la medalla Sylvester y fue la primera en ser miembro de la Real Sociedad inglesa y en presidir la Sociedad Londinense de Matemáticas (LMS, por sus siglas en inglés); la polaca judía Sofía Neimark, ilustre matemática, lógica y política; la polaca Maria Goeppert-Mayer, que en 1963 consiguió el Premio Nobel de Física; la cubana Argelia Vélez-Rodríguez y la americana Grace M. Hopper, que participó como militar en la Segunda Guerra Mundial, Harvard la acogió para trabajar en el proyecto de computación Mark I, trabajó en empresas computacionales, con remarcables contribuciones a la programación moderna, desarrolló el primer compilador de la historia para procesamiento de datos que usaba comandos en inglés (Flow-Matic), además de ser la creadora del lenguaje Cobol y lograr cuarenta doctorados *honoris causa*, la medalla Nacional de Tecnología, la medalla Wilbur Lucius Cross, de Yale, el rango de comodoro en 1983 y el de contralmirante en 1985.

Y la lista sigue: Katherine Johnson, cuya labor en los cálculos aeronáuticos para el Apolo 11 de la NASA fue esencial; la gallega María Wonenburger, afincada en Estados Unidos y Canadá, con grandes resultados algebraicos, y la iraní Maryam Mirzakhani, primera mujer en conseguir la medalla Fields (2014).

Entre las españolas referentes del gremio, cabe citar a Marta Macho, que ha realizado una gran labor para difundir las matemáticas y ha coordinado el interesante libro *Mujeres matemáticas: trece matemáticas, trece espejos*; María Martínez Sancho, la primera doctora española en Matemáticas (1928);

Maria Montserrat Capdevila d'Oriola, la primera profesora universitaria matemática; Pilar Bayer, etc.

Otros muchos nombres de mujeres destacan en el mundo matemático del siglo XXI. Hay mentes femeninas muy brillantes en todas las especialidades.

Matrimonios e hijos

En el siglo XX, se dio en España un número considerable de matrimonios entre matemáticos. Ese fue también mi caso.

Además, curiosamente, coincide que los matemáticos tienen mucha descendencia. Cuando yo estudié, tuve dos profesores catedráticos que tenían once hijos cada uno: el doctor Augé y el doctor Sales. En particular, el doctor Sales nos contó que un día le había dicho a su esposa: «Es extraño que, con tantos hijos, ninguno haya querido estudiar Matemáticas», a lo que, con gran acierto, esta había replicado: «Aquí el único extraño eres tú».

El caso de los epitafios

El diseño de los epitafios es un tema difícil, pues pueden intervenir órdenes explícitas expresadas por las personas antes de su fallecimiento, realizaciones de los grabadores de dichos epitafios e intervenciones *post mortem* de amigos, familiares o discípulos.

El legendario epitafio de Arquímedes

Ni se conserva nada sobre la tumba de Arquímedes ni es posible averiguar cómo era realmente, pero Plutarco dejó escrito lo siguiente:

Habiendo, pues, sido autor de muchos y muy excelentes inventos, dícese haber encargado a sus amigos y parientes que después de su muerte colocasen sobre su sepulcro un cilindro con una esfera circunscrita en él, poniendo por inscripción la razón de exceso, que hubiese entre el sólido continente y el contenido.

Resulta curioso que, de entre los muchos descubrimientos del genial griego, este privilegiase el de que el volumen de una esfera corresponde a dos terceras partes del cilindro con el mismo radio y altura.

La edad de Diofanto

Diofanto optó por esconder la edad de su deceso planteando en su lápida un problema:

> ¡Caminante! Aquí yacen los restos de Diofanto. Los números pueden mostrar, ¡oh maravilla!, la duración de su vida, cuya sexta parte fuera niño. Añadiendo un doceavo, las mejillas tuvieron la primera barba. Le encendió el fuego nupcial después de un séptimo, y en el quinto año después de la boda le concedió un hijo. Pero, ¡ay!, niño tardío y desgraciado, en la mitad de la medida de la vida de su padre, lo arrebató la helada tumba. Después de consolar su pena en cuatro años con esta ciencia del cálculo, llegó al término de su vida.

Una forma muy sofisticada de explicar que vivió ochenta y cuatro años.

Una curva errónea en un epitafio

Un caso espectacular fue el de Jakob (o Jacob o Jacques o James) Bernoulli (1654-1705). Este eminente matemático suizo indicó que el cantero grabara en su lápida una espiral equiangular o logarítmica junto a la frase de su crecimiento espiral: «Eadem mutata resurgo» («Aunque cambiado resurgiré»). Pero lo que esculpió el cantero de la catedral de Basilea fue la espiral de Arquímedes, de fácil trazado. No es de extrañar que el descubridor de una curva importante desee que la imagen de esta forme parte de su epitafio, pero debería haber tenido en cuenta que, sin su supervisión, el resultado podía contener errores o limitaciones técnicas severas.

Un polígono demasiado difícil

El gran genio Carl Friedrich Gauss (1777-1855) deseó, con gran ingenuidad, que en su epitafio apareciera el dibujo del polígono de diecisiete lados que había demostrado que podía construirse con regla y compás. Sin embargo, el cantero encargado de grabarlo pronto vio que el polígono deseado por Gauss era prácticamente una circunferencia y así hizo su trazado. ¡Era de esperar!

Matemáticos con epitafios literarios

Muchos han sido los matemáticos, o los admiradores de estos, que han optado por inscribir en sus lápidas frases originales dotadas de cierta trascendencia:

—Kepler: «Medí los cielos. Ahora mido las sombras».

—René Descartes: «Está disfrutando de la verdad que persiguió durante toda su vida».

—Évariste Galois: «Sin saber aún si la pasión es racional o irracional, pero con la certeza de que has sentido y has vivido».

—David Hilbert: «Debemos saber, sabremos».

—Paul Erdös: «Por fin dejo de volverme cada vez más estúpido».

Pero el caso más egocéntrico fue el de Johann Bernoulli, que redactó su propio epitafio: «Aquí yace el Arquímedes de su tiempo».

Epitafios con fórmulas

Puestos a elegir algo para que te recuerden, hay quienes optan por una fórmula:

- Newton, la del binomio que da el desarrollo de la potencia de una suma;
- Boltzmann: la de la entropía, S = k.ln W;
- Hamilton: las de sus cuaterniones, i2 = j2 = k2 = ijk = –1;
- Ludolf van Ceulen: los 35 primeros decimales de pi que él calculó.

Un sudoku y una ecuación como epitafio

Allan Robinson murió en 2012 a los sesenta y seis años. Por algún motivo desconocido, en su placa del cementerio, junto a la información normal, aparecen dos adornos: un sudoku por completar y una ecuación extraña: $x_n + y_i h i = 1(1) q$. Según parece, la ecuación (irrelevante) fue copiada de la tesis doctoral del fallecido y el sudoku era un homenaje a su reconocida afición por dichos entretenimientos.

El interés por lo imposible

En ninguna de las ciencias normales se estudian cosas que no existen o fenómenos que no puedan ocurrir. Resultaría esperpéntico que un químico demostrara que una composición no existe o que un médico publicara que una enfermedad no se podrá curar nunca. Sin embargo, en matemáticas se da un enorme valor a la demostración de que un problema no tiene solución o de que un dibujo es imposible.

Históricamente, ha sido muy relevante que en geometría se prestara especial atención a las construcciones de figuras usando solo una regla y un compás (trazado de rectas y circunferencias). Junto con muchas soluciones de dibujos posibles, pronto aparecieron cuatro retos que se resistían a ser resueltos: ¿es posible dividir cualquier ángulo en tres partes iguales (trisección)?; dado un círculo, ¿es posible dibujar un cuadrado de igual área (cuadratura del círculo)?; dado un cubo de arista 1, ¿es posible dibujar la arista de un cubo de volumen doble (duplicación del cubo)?; dada una circunferencia, ¿es posible inscribir en ella cualquier polígono regular (inscripción de polígonos)? A lo largo de los siglos, fueron muchos los instrumentos inventados para complementar el uso de la regla y compás o sustituirlo con el fin de resolver estos retos griegos, pero tuvieron que pasar dos mil años para que se viera que estos no serían nunca resolubles solo con regla y compás.

Teorema de Wantzel

El matemático francés Pierre Laurent Wantzel (1814-1848) estuvo activo en matemáticas desde que era muy joven y realizó importantes contribuciones en el campo, que no fueron tan populares durante su tiempo, pero muchos años después se consideraron fundamentales. Principalmente, demostró de manera rigurosa que los problemas griegos clásicos de trisecar ángulos y duplicar cubos no podían resolverse en general usando solo regla y compás. La prueba de 1882 de Ferdinand Lindemann de que el número pi no podía ser algebraico (es decir, nunca sería la solución de una ecuación con un polinomio de coeficientes enteros igualado a cero), junto con el resultado de Wantzel, deja clara la imposibilidad de cuadrar el círculo.

Además, Wantzel también aclaró que no todos los polígonos regulares eran inscribibles con regla y compás y determinó los que sí lo eran.

Teorema de la incompletitud de Gödel

El gran lógico y matemático Kurt Gödel (1906-1978) ha tenido una gran influencia en el pensamiento filosófico y científico de todo el siglo XX. Fueron trascendentes sus dos teoremas de incompletitud, que publicó tan solo un año después de haber finalizado su tesis doctoral. El más conocido dice que en cualquier sistema matemático axiomático siempre habrá proposiciones que no son ni demostrables ni refutables; en otras palabras, es imposible demostrar todas las verdades acerca de un sistema.

El teorema de imposibilidad de Arrow

El economista americano Kenneth Joseph Arrow (1921-2017), Premio Nobel de Economía en 1972, hizo grandes contribuciones matemáticas en el campo de la teoría de la decisión y es muy relevante el hoy denominado «teorema de imposibilidad de Arrow», que esencialmente dice que no es posible diseñar un sistema racional de reglas para la toma de decisiones sociales o políticas que sea perfecto: los requerimientos que en principio parecería razona. ble exigir no siempre son compatibles. En el caso de las elecciones políticas, ello implica que un sistema de votación nunca podrá cumplir todos los requerimientos deseables.

Hemos visto estos tres espectaculares casos donde el interés era probar una imposibilidad. Pero lo bonito del tema es que con nuevos instrumentos de dibujo, con más recursos que los axiomas tradicionales o con condiciones alternativas para los sistemas de votación sí que es posible obtener soluciones aceptables para estos retos.

Impresiones falsas de matemáticos

No existe, en general, ninguna relación entre la apariencia física y el oficio que se desempeña. Salvo en casos extremos de artistas de cabarets, frailes, militares, etc., donde el atuendo es esclarecedor (plumas, hábitos o gorras), por lo comun, si se viste como la media, no podemos relacionar la ocupación con el *look*. ¿Has encontrado alguna vez a alguien que tenga pinta de sastre?, ¿y de lampista?, ¿y de neurólogo?, ¿y de filólogo? La respuesta seguramente es ¡no! Por ejemplo, si miras una galería de fotos de matemáticos ilustres, te será complicado entresacar rasgos comunes, excepto la fácil apreciación de que nunca son seres metrosexuales.

Pero ¿y antes de la fotografía?, ¿cómo se pensaba que eran los matemáticos de las épocas en que era difícil tener imágenes de ellos? Algunos privilegiados tuvieron la suerte de que en vida un pintor o escultor los representara en una tela o en un busto de mármol. Y a los que no dejaron rastro, ¿cómo se los ha imaginado? La respuesta a esta cuestión nos la da la gran capacidad de los artistas plásticos para plasmar lo que no se ve. El arte nunca ha estado interesado por la verdad y en ello se basan las representaciones.

Por ejemplo, hay muchas esculturas clásicas del conocido matemático griego Arquímedes (287-212 a. C.), autor del famoso grito «¡Eureka! ¡Eureka!», pero en 1963 el servicio de Correos español editó un sello dedicado a él que rompió con toda la iconografía anterior y este más bien parecía salido de una zarzuela goyesca o de una tuna universitaria un viernes por la noche. Correos se limitó a copiar el *retrato* de Ribera (1636) que hay en el Museo del Prado titulado *Arquímedes.*

A los artistas e ilustradores no les ha importado nunca dar rienda suelta a su imaginación para reinventar la apariencia de sus personajes. He llegado a ver un dibujo donde aparece Euclides con cara de chino, ¡lo que faltaba!

Actualmente, las fotografías de matemáticos son muy apreciadas (por ellos mismos). La Oberwolfach Photo Collection, en la web del Mathematisches Forschungsinstitut Oberwolfach, recopila una enorme muestra de imágenes de aquellos que han asistido a los congresos o han sido donadas por otros.

Biografías míticas

Si representar físicamente a un matemático antiguo ya es complicado, también lo es dar datos biográficos de alguien sobre quien se desconoce casi todo, salvo algo de su obra escrita a mano, muchas veces desaparecida y solo presente en alguna traducción muy posterior. En algunos casos, gracias a discípulos o estudiosos, se pueden recomponer algunas parcelas biográficas, pero no siempre es posible. Entonces, la imaginación literaria aparece como solución: un ejercicio de ficcionalización de la historia.

Por ejemplo, podemos certificar que Pitágoras nació en la isla griega de Samos hacia finales del siglo VI a. C., pero ni siquiera los años de nacimiento y muerte se conocen y, normalmente, se citan 580/572 a. C. y 500/490 a. C. respectivamente. Parece que viajó de joven por el Mediterráneo (Crotón y Calabria en Italia, Menfis en Egipto, etc.), participó en juegos olímpicos, recibió una formación muy sólida, con maestros como Anaximandro o Tales, y se convirtió en un profundo pensador con gran capacidad de liderazgo. En Crotón, fundó la hoy denominada «escuela pitagórica», de enorme influencia filosófica, matemática y religiosa en la cultura occidental. También se cree que Pitágoras se casó a los sesenta años con su joven seguidora Teano, pero la realidad es un misterio.

La ausencia de escritos de Pitágoras y el carácter sectario de su escuela han dado lugar a una prolija colección de leyendas que hacen imposible discernir hoy las contribuciones individuales de cada uno de los miembros de lo que debió de ser una interesante escuela reflexiva, muy popular en su momento.

Pitágoras fue el primero en definirse como «filósofo» ('amante de la sabiduría') y todos los pitagóricos se denominaron «matemáticos» (*mathematikoi*); dedicaban especial atención al pensamiento espiritual, la filosofía, la geometría y la música. Los resultados legados, como el célebre teorema de Pitágoras, y las innovaciones de todo tipo, como las escalas musicales, influyeron directamente en la filosofía griega (Sócrates, Platón, Aristóteles...) y en la matemática. Pero ¿es el teorema de Pitágoras realmente suyo?, ¿o lo encontró un discípulo y lo atribuyó a su jefe?

Otro caso especial es el de Euclides. Cito aquí las dudas que sobre él se desprenden de su biografía en la Wikipedia:

> Euclides fue un matemático y geómetra griego (*ca.* 325 a. C.-*ca.* 265 a. C.). Se lo conoce como «el padre de la geometría». Su vida es poco conocida, salvo que vivió en Alejandría (ciudad situada al norte de Egipto) durante el reinado de Ptolomeo I. Ciertos autores árabes afirman que Euclides nació en Tiro y vivió en Damasco. Era hijo de Náucrates y se barajan tres hipótesis:
>
> 1. Euclides fue un matemático histórico que escribió *Elementos* y otras obras atribuidas a él.
> 2. Euclides fue el líder de un equipo de matemáticos que trabajaba en Alejandría. Todos ellos contribuyeron a escribir las obras completas de Euclides, incluso firmando los libros con el nombre de Euclides después de su muerte.
> 3. Las obras completas de Euclides fueron escritas por un equipo de matemáticos de Alejandría, quienes tomaron el nombre Euclides del personaje histórico Euclides de Mégara, que había vivido unos cien años antes.

Así pues, Euclides pudo existir y escribir *Elementos* solo, o liderar un equipo que admitió quedar en la sombra, o incluso ser un pseudónimo colectivo. Esto último se ha dado en el siglo XX con el grupo de matemáticos franceses denominados «Nicolas Bourbaki».

No obstante, lo que es más sorprendente es que hoy se firman artículos de investigación con nombres de supuestos matemáticos que en realidad no existen. En épocas recientes, diversas publicaciones han llevado las firmas de Shalosh B. Ekhad y de Doron Zeilberger, aunque al final la verdad se ha sabido: este último, un matemático real como la vida misma, se inventó un coautor, Ekhad, que no era una persona, sino su propia computadora. Increíble.

Mentes juveniles geniales

La esperanza de vida de todos los seres humanos ha ido, por fortuna, aumentando enormemente con el paso de los años. Los matemáticos anteriores al siglo XX, como todos sus coetáneos, vivieron un número limitado de años y entonces los cuarenta eran una edad peligrosa. Hoy, los consideraríamos jóvenes, pero incluso en la famosa medalla Fields para matemáticos con gran potencial de futuro el límite de edad es ese.

Sin embargo, lo que cabe resaltar es que, históricamente, la imaginación juvenil ha superado en muchas ocasiones a la experiencia, es decir, el conocimiento profundo parece limitar la creatividad. Recordemos a Niels Henrik Abel (1802-1829) o a Évariste Galois (1811-1832), que propusieron soluciones extraordinarias antes de morir, muy jóvenes. Incluso grandes matemáticos de vida longeva hicieron sus mejores aportaciones durante su juventud. Por supuesto, también hay una corte de viejecitos geniales, como Euler o Gauss, que fueron muy productivos durante toda su vida, tanto que muchas de sus publicaciones son *post mortem,* pues las imprentas no siempre seguían el frenético ritmo de estos sabios autores.

En una ocasión, un joven perseguía a un ya venerable George Pólya para intentar convencerlo de que escribieran un artículo de investigación, pero este se lo sacó de encima con un gran argumento: «Es usted quien debe escribir artículos. Yo lo que debo hacer ahora a mi edad es escribir libros». La anécdota es significativa: si bien durante la juventud se logra abordar problemas con nuevos recursos por la apertura de mente, es en la madurez cuando tiene especial sentido escribir libros partiendo de la perspectiva histórica que se posee y de la propia experiencia.

La confianza grupal: actos de fe en matemáticas

La ciencia siempre se ha basado en pruebas indiscutibles, actitud alejada del pensamiento religioso, que a menudo acepta principios o hechos por la fe. Las creencias pueden superar las evidencias.

En el caso de las matemáticas, siempre es la comunidad la que debe avalar los resultados. Los grandes especialistas de cada campo examinan los trabajos y corroboran de forma coral la validez de los resultados.

Sin embargo, la idea de que algo es cierto porque cualquier matemático podría replicarlo no deja de ser una quimera. Las especialidades son tan amplias que a menudo solo un muy pequeño grupo de matemáticos puede validar el trabajo de otros. ¿Y los demás? Pues aceptamos por fe en este grupo de revisores que lo demostrado es correcto. Y hemos de reconocer que nos sería imposible verificar el resultado por nosotros mismos. ¡Toda la confianza!

Autorías: el efecto Mateo o ley de Stigler

El llamado «efecto Mateo» fue descrito en los años setenta por el sociólogo Robert K. Merton y consiste en la observación de que los científicos eminentes tienen más reconocimiento y dan nombre a más resultados que otros investigadores que trabajan en lo mismo. Si hay dos coautores de un trabajo importante y uno es más conocido que el otro, este se lleva la fama. Si dos científicos hallan un resultado de forma independiente, pero esencialmente en el mismo momento, el más acreditado queda como referente. Una forma escandalosa de escribir la historia.

En 1980, el estadístico Stephen Stigler enunció lo que se ha llamado «ley de Stigler»: «Los descubrimientos científicos nunca tienen asociado el nombre de su verdadero descubridor». Cuando publicó esta idea, él mismo reconoció que su ley ya había sido enunciada esencialmente por Merton con la denominación «efecto Mateo». De hecho, Hubert Kennedy había denominado este hecho «ley de Boyer» en honor a un conocido libro de historia de la matemática de Carl Boyer donde se trataba el tema de las autorías.

Cabe remarcar que, normalmente, los nombres de hallazgos matemáticos se acuñan muchos años después, por lo que no son nunca obra del propio descubridor, sino producto de textos y artículos que acaban cometiendo el error o la injusticia de dar más crédito a quien es más reconocido, aunque pertenezca a una época bastante posterior. Un caso extremo es cuando se atribuye un resultado a una persona o varias y se omite por completo a su descubridor. Así, el teorema de Cantor-Bernstein-Schröder en realidad fue obra de Dedekind; el conjunto de Cantor ya lo había descrito Henry J. Stephen Smith nueve años antes; la fórmula de Euler había sido demostrada de una manera equivalente por Roger Cotes treinta años antes, y la sucesión de Fibonacci del siglo XIII —1, 1, 2, 3, 5, 8...— ya existía en la matemática hindú del año 200 a. C.

Un recurso que eliminaría algunas atribuciones injustas sería no obsesionarse con dar un solo nombre, sino varios. Así, se podría hablar del cálculo infinitesimal de Newton-Leibniz, los determinantes de Leibniz-Köwa, la resolución de sistemas de ecuaciones de Cramer-Maclaurin, las series de Taylor-Maclaurin, la geometría analítica de Descartes-Fermat, los logaritmos de Napier-Bürgi, etc.

Otro aspecto para tener en cuenta es que el nombre de un matemático puede quedar asociado a un resultado menor, y no a sus contribuciones principales. Por ejemplo, a mi amigo Luis Antonio Santaló le molestó muchísimo en vida que todas las importantes desigualdades que había demostrado se citasen simplemente como «desigualdad de Santaló», un caso trivial de triángulos equiláteros.

Oposiciones con venganza

Antiguamente, las oposiciones universitarias de matemáticas (vigentes hasta los años ochenta) se celebraban en Madrid con un tribunal sorteado entre profesores del área correspondiente. Como había pocos catedráticos, en algunos casos no había grandes variaciones en el tribunal. El examen consistía en varias pruebas eliminatorias: explicación del currículo (ejercicio denominado popularmente «mecachis, qué guapo soy»), exposición de la investigación realizada, propuesta de un programa docente, impartición de una lección magistral, resolución de problemas («el práctico») y explicación de uno de los temas cuyos títulos había fijado el tribunal unos días antes.

El popular matemático don Julio Rey Pastor sentenció lo que sigue: «El espectáculo español más cruel después de los toros son las oposiciones universitarias». Los escándalos se daban a veces en varios niveles:

a. Los opositores de la capital tenían ventaja, pues se veían arropados por sus colegas, que iban a seguir con devoción y elogios sus explicaciones a la par que boicoteaban las intervenciones de los demás.
b. La arbitrariedad de los problemas y de los temas a veces daba ventaja a opositores afines a algún miem-

bro del tribunal, que les facilitaba información privilegiada.

c. La existencia de turnos para ganar: en ocasiones, había un acuerdo sobre qué opositores debían ingresar al cuerpo antes que otros.
d. La votación final podía no tener relación con la oposición realizada.

Sin embargo, lo más escandaloso era cuando el tribunal suspendía a un opositor por motivos políticos. Esto le sucedió al gran matemático don Pedro Pi Calleja por haber estado exiliado muchos años en Argentina después de la guerra civil.

En una histórica oposición de una cátedra de Matemáticas, el presidente del tribunal no estaba conforme con el desarrollo de esta y su previsible final, por lo que, después de un ejercicio, pronunció el ritual «Se levanta la sesión» y se fue. Y ahí acabó todo. No convocó nunca la sesión siguiente, lo que dejó interrumpida la oposición *sine die.* En el reglamento, no se había fijado un plazo para hacerlo, pues se confiaba en el buen criterio del presidente para ello. Así, los opositores quedaron en un limbo legal y los otros miembros del tribunal tuvieron que regresar a su casa. Pasaron muchos meses antes de que la situación se resolviera legalmente.

Los catedráticos de Matemáticas y el azul turquí

El atuendo de los matemáticos acostumbra a ser reflejo de su precaria situación económica y su nulo interés por la moda. No obstante, si bien hay profesiones donde es costumbre exhibir en público uniformes o complementos identificativos, como sucede con militares, jueces, frailes, bomberos, policías, barrenderos..., no existe una vestimenta ligada al oficio matemático, salvo el uso de batas blancas para dar clase, pues esta prenda es la única solución a la desenfrenada escritura en la pizarra con tiza, que va dejando caer su blanca lluvia de partículas.

Sin embargo, hay un caso aparte: el atavío de los catedráticos de Matemáticas en ceremonias especiales. Como en España siempre se regula todo (a sabiendas de que luego no se cumple), la reina Isabel II legisló en 1850 cómo debían ser en todo el territorio los trajes e insignias de las universidades. Y, por aquello de la inercia histórica, la tradición sigue vigente, al menos en los actos universitarios solemnes, como aperturas oficiales de curso o concesiones de doctorados *honoris causa*.

El kit del catedrático

El catedrático debe comprar por su cuenta su kit protocolario si desea participar en estos actos y desfilar disfrazado con sus colegas. Este incluye lo siguiente: toga, muceta, puñetas, birrete, guantes blancos, anillo, bastón y medallas.

Si bien el catedrático debe llegar al acto vestido con traje negro, camisa blanca, corbata o pajarita blanca y zapatos negros, además del kit mencionado para colocárselo encima, no está prohibido que el interfecto acuda disfrazado ya de casa, aunque la mayoría de los catedráticos sienten cierto pudor de aparecer en público con tan vistosa indumentaria o ir con ella en transporte público. Tampoco sería correcto que debajo de la toga se viesen tejanos, zapatillas deportivas y camisa a cuadros.

La toga es negra y larga, con puñetas, unos bordados blancos que rematan las mangas. La muceta, que cubre los hombros, es de raso y debe ser del color propio de la especialidad, igual que el birrete, lo que permite diferenciar las especialidades académicas. Al margen del negro, reservado a rectores, los de matemáticas tienen asignado el color azul turquí por ser de ciencias.

Los complementos imprescindibles

Algunos complementos han quedado obsoletos, como el bastón, pero otros siguen vigentes: los guantes blancos como símbolo de pureza (?), las medallas de la universidad y de otras instituciones, el anillo propio de la universidad y el famoso birrete. Aquí salta la sorpresa: el birrete es un prisma hexagonal (a veces octogonal) de raso negro sobre el que se sitúa una borla y un flequillo del color profesional que tapa las caras laterales de este y se mueve durante los desfiles. Los matemáticos disfrutan llevando estos prismas circunscritos al cráneo y piensan en lo útil que es la geometría.

Que personas de categoría intelectual desfilen disfrazadas en pleno siglo XXI mientras suena el himno *Gaudeamus igitur* resulta llamativo. Y suerte que el himno sea en latín, pues su traducción dejaría al descubierto que es una auténtica canción de taberna alemana:

> *Alegrémonos pues,*
> *mientras seamos jóvenes.*
> *Tras la divertida juventud,*
> *tras la incómoda vejez,*
> *nos recibirá la tierra.*

Lo sublime es que la armonización de este himno medieval que se canta ahora fue obra de un gran profesor de Matemáticas: Joan Casulleras Regàs (1920-1996).

En algunas ocasiones, he coincidido en la inauguración oficial de curso universitario con el obispo de Girona, el cual siempre me decía: «Es muy extraño que nosotros hayamos abandonado el latín en la misa y que los universitarios canten su himno en latín». Una sabia observación.

Rincón recreativo

1. Unos números romanos

¿Qué sentido tiene la igualdad XI + I = X?

2. Un problema casero

Si hay cinco patatas para repartir entre tres niños, ¿cuál es la mejor manera de hacerlo?

3. Juzga si es verdad

Considera la siguiente afirmación:
«Esta frase tiene cinco palabras».
¿Es verdadera?

4. Nombres de números

Halla un número cuyo nombre no contenga la letra *o* ni la *e*.

2

Elogio de la matemática recreativa

> El juego y la belleza están en el origen de gran parte de las matemáticas.
>
> MIGUEL DE GUZMÁN

Hace miles de años que surgieron los juegos y, con ellos, la denominada «matemática recreativa». El adjetivo *recreativa* hace referencia a que se trata de unas matemáticas divertidas y populares, por lo que pueden disfrutarlas muchas personas, ya sea en forma de juegos físicos, como dados, cartas, ajedrez, puzles, tableros, figuras, etc., o en forma de problemas para los que hace falta cierto ingenio o cuya respuesta resulta sorprendente, por ejemplo, una paradoja, que requiere una explicación razonable, o un acertijo. Normalmente, el problema se presenta con un enunciado simple e incluye referencias a situaciones cotidianas o fantásticas.

LOS FASCINANTES DADOS

El juego de los dados comenzó en tiempos remotos, como muestran hallazgos arqueológicos con más de cinco mil años de antigüedad. Ya en el año 3000 a. C. había dados cúbicos con las caras numeradas del 1 al 6 marcadas con puntitos, aunque también tenían otras formas geométricas, como figuras poliédricas. Esta idea de jugar con el azar ha fascinado desde siempre.

En la antigua Roma, era frecuente hacer tiradas simultáneas de tres dados invocando el nombre de alguna divinidad. La jugada más valiosa era la denominada «de Venus»: un triple seis, mientras que la peor era un triple uno. Cabe notar que la ludopatía en Roma se consideraba peligrosa y, por tanto, se promulgaron leyes que prohibían el juego, salvo en algún periodo, como las fiestas de invierno dedicadas al dios Saturno, cercanas al solsticio de invierno, e incluso se atribuye al emperador romano Claudio un tratado sobre cómo ganar a los dados.

En el siglo XVII, la alta sociedad francesa también gustaba de los juegos de azar, por lo que no es de extrañar que el noble Antoine Gombaud (1607-1685), cuyo alias era Caballero de Meré, ambicionara ganar con los dados y, para ello, tuviese una abundante comunicación epistolar con dos grandes matemáticos franceses: Blaise Pascal (1623-1662) y Pierre de Fermat (1601-1665). De esta correspondencia, nacieron la teoría de la probabilidad y la teoría de juegos, dos ramas muy relevantes en la actualidad.

Describiremos dos problemas del Caballero de Meré que son dos joyas. El primero es el siguiente:

> Dos jugadores apuestan a cara o cruz tirando una moneda. El jugador que llega primero a cinco puntos gana la apuesta. Si el juego se interrumpe en un momento en que el primer jugador tiene cuatro puntos y el segundo tres, ¿cómo deben repartirse las cantidades apostadas para ser justas?

Pascal y Fermat señalaron que la proporción cuatro a tres para repartir la apuesta no es conveniente. Si el juego sigue con más tiradas, el primer jugador ganaría en dos casos, mientras que el segundo solo en una; por tanto, el reparto más justo sería tres a uno a favor del primero.

El otro problema era sobre dados y Caballero afirmaba lo que sigue:

> Es ventajoso apostar por el resultado de obtener al menos un 6 en cuatro lanzamientos de un dado. Por tanto, debe ser ventajoso apostar por el resultado de obtener al menos un doble 6 en una serie de veinticuatro lanzamientos con un par de dados.

Caballero creía que esta situación se justificaba por una regla de tres simple. Pascal fue perspicaz y calculó la probabilidad $\frac{5}{6}$ de que no saliese un 6 y, al tratarse de cuatro tiradas de dados independientes (ninguna influirá en los resultados de las otras), dedujo que esta era de $\frac{5}{6} \times \frac{5}{6} \times \frac{5}{6} \times \frac{5}{6} = 0{,}48$, por lo que era mejor apostar a que sí salía.

En el segundo caso, al hacer veinticuatro tiradas con dos dados, como en cada una hay 36 resultados posibles, resultan 36^{24} situaciones posibles, de las cuales un 50,86 % (35^{24} de ellas) no obtiene un doble 6, mientras que en un 48,14 % de casos sí puede darse.

Así surgió la idea de calcular casos posibles, casos favorables, sucesos independientes, frecuencias relativas... De aquí nace el cálculo de probabilidades y, con él, las estrategias basadas en consideraciones numéricas.

Un caso sorprendente que relaciona dados y música se debe al genial Wolfgang Amadeus Mozart (1756-1791). Hay valses de muchas clases: el francés, el chilote, el venezolano, el peruano, el mexicano, el valsecito criollo... y el más genuino: el vienés, con compases de ¾ y aún muy presente en la música. Pero, en 1777, Mozart ideó un juego con dos dados al que bautizó como «juego de dados musical para escribir valses con la ayuda de dos dados sin ser músico ni saber nada de composición».

Mozart creó 176 compases que numeró y distribuyó en dos tablas (dieciséis conjuntos de once compases). Al lanzar los dos dados y sumar, hay once números posibles (del 2 al

12). En las diferentes columnas, se van eligiendo los compases correspondientes. Así, mediante un simple cálculo se tienen aproximadamente 3.797.498.335.832 valses. Si se toca cada uno, con repetición de la primera parte, en treinta segundos, se requieren 131.857.581.105 días o 361.253.646 años para tocarlos todos, uno tras otro, ininterrumpidamente. Es decir, un estreno mundial de una obra de Mozart cada treinta segundos a lo largo de ¡361 millones de años!

Los dados de Claudi

En esta imagen, muestro mi colección de dados. Es una buena afición intentar conseguirlos de todo tipo.

Los problemas placenteros de Bachet

El francés Claude Gaspard Bachet de Méziriac (1581-1638) tuvo la original idea de publicar en 1612 un libro recreativo titulado *Problèmes plaisants et délectables qui se font par les nombres*, que tuvo gran éxito y se reeditó en una versión ampliada en 1624. Poco sospechaba Bachet que sus enunciados pasarían a ser problemas clásicos de la matemática recreativa y estarían presentes durante cuatro siglos en las recopilaciones de esta especialidad. Es más que probable que hayas oído hablar de algunos de ellos. Aquí te presento una pequeña muestra:

> Pide a una persona que elija secretamente un número menor que 60 y que diga los restos a, b, c que resultan al dividir el número por 3, por 4 y por 5. El número elegido de partida puede hallarse como el resto de dividir $40a + 45b + 36c$ por 60.

> A elige en secreto un número de un par (donde uno es par y el otro es impar) y el otro se lo queda B. Pide a A doblar su número y a B triplicar el suyo, y que te den la suma obtenida. Si esta es par, A seleccionó el número impar; si no, es que seleccionó el par.

Otra meritoria contribución de Bachet fue encargarse en 1621 de la edición comentada del texto griego de la *Aritmética* de Diofanto y hacer una buena traducción al latín de esta. La cuidadísima edición de esta obra fundamental fue la que usó Fermat en sus estudios numéricos y en su margen escribió su famoso farol sobre la solución encontrada (último teorema de Fermat).

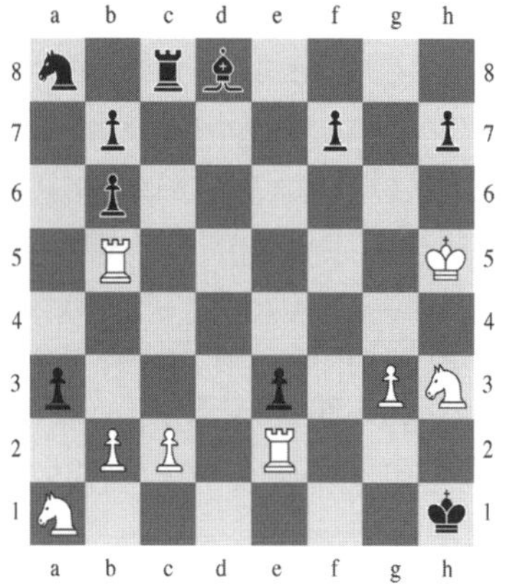

© cortesía del autor

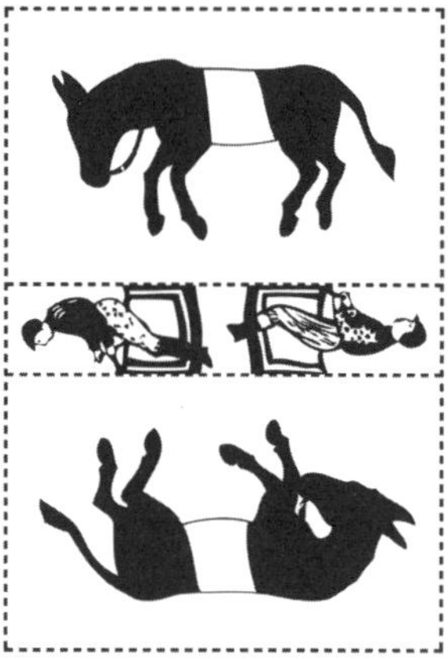

© Wikimedia

Problema Excelsior y Problema de los burros

Problema Excelsior y problema de los burros

En matemática recreativa, destaca con luz propia el americano Samuel Loyd (1841-1911), que nació en Filadelfia (Estados Unidos) y, aunque estudió Ingeniería Civil, sintió especial atracción por los problemas de ajedrez, a los cuales se dedicó intensamente y dirigió diversas publicaciones. A partir de 1870, firmando como Sam Loyd, inició una popular carrera creando puzles en folletos publicitarios e ingeniosas publicaciones y juegos que tuvieron gran aceptación popular, al poner a prueba habilidad y perspicacia de muchas personas. También diseñó tableros especiales, retos de ajedrez y otros juegos.

En el rompecabezas de los burros, debe lograrse que dos jinetes cabalguen sendos burros cortando por una línea de puntos. En el problema Excelsior, en una partida de ajedrez las blancas deben dar jaque mate a las negras en cinco jugadas. Puedes visitar su web oficial, del mismo nombre, o la web Math Puzzle, en la que aparecen sus obras, entre las que destaca *Cyclopedia of 5000 Puzzles.*

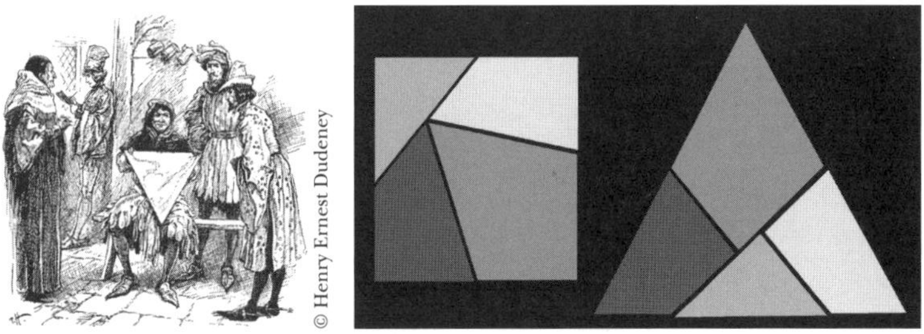

Rompecabezas de Dudeney

H. E. Dudeney (1857-1930) fue un matemático autodidacta inglés que inventó gran cantidad de rompecabezas y los publicó en los periódicos de la época, los cuales luego se presentaron en libros. Fue también un gran aficionado a los juegos (especialmente al ajedrez) y a la música. Entre las joyas de Dudeney, se encuentra el puzle Haberdasher, consistente en cortar un triángulo equilátero en cuatro trozos para formar un cuadrado. La imagen da la solución.

Dudeney trabajó también problemas de ajedrez y todo tipo de rompecabezas geométricos y creó multitud de crucinúmeros (un equivalente del crucigrama). Entre sus obras más populares, destacan *Los acertijos de Canterbury y otros problemas curiosos* (1907), *Amusements in Mathematics* (1917), *The World's Best Word Puzzles* (1925), *Modern Puzzles* (1926) y *563 Puzzles and Curious Problems* (1931).

La inmensa popularidad de los rompecabezas de Loyd y Dudeney en los periódicos de su época hace sospechar que este tipo de retos recreativos de matemáticas accesibles a los lectores son un interesante material para entretener, pero también para pensar. Actualmente, los sudokus cumplen en parte esta misión. Quizás los medios de comunicación actuales deberían plantear nuevos retos en este campo (y suprimir los irracionales horóscopos omnipresentes).

Tapa original de las torres de Hanói y juego

Todos hemos visto en alguna ocasión el juego de las torres de Hanói (y jugado a él). Se trata de tres varillas verticales y, en una de las laterales, unos discos agujereados colocados de mayor a menor. El reto es pasar de uno en uno todos los discos a la varilla del otro extremo sin que ninguno mayor quede encima de uno menor. Este juego, de complejidad creciente, al ir aumentando el número de discos, lo inventó el matemático François Édouard Anatole Lucas en 1883 y lo firmó con el curioso nombre de «Prof. N. Claus de Siam, mandarín del Colegio de Li-Son-Stan».

Édouard Lucas trabajó como profesor de instituto y en el Observatorio de París, y es especialmente conocido por una técnica relacionada con números primos y por la sucesión de Lucas —1, 3, 4, 7...—, que extiende la clásica de Fibonacci —1, 1, 2, 3, 5...—, donde cada término es la suma de los dos anteriores. Sin embargo, las torres de Hanói es su obra más popular.

A este juego siempre lo han acompañado diversas leyendas exóticas que él mismo inventó para promocionar su patente. Esencialmente, hablan de monjes asiáticos (del templo de Benarés u otros sitios) que deben resolver el problema de las torres con 64 discos y se anuncia que, cuando el juego se acabase, será el fin del mundo. Como se precisan $2^{64} - 1$ movimientos para resolver este caso, aunque un monje tardara un segundo en mover un disco, necesitaría 585.000 millones de años para terminar, lo cual da un amplio margen de maniobra antes del fin del mundo.

El juego tiene interés hoy en recursividad y en programación informática, pues ejemplifica muy bien la idea de crecimiento exponencial y de algoritmo. Actualmente, es difícil encontrar un texto de ciencias de la computación en el que las torres de Hanói no estén presentes. El juego también tiene una presencia notable en internet.

Alicia en el País de las Maravillas

Esta magistral obra fue escrita por Charles Lutwidge Dodgson (1832-1898), celebrado escritor inglés más conocido por el pseudónimo de Lewis Carroll. Nació en el seno de una familia religiosa (su padre era pastor en Daresbury) y se interesó por la poesía, la literatura infantil, la fotografía y las matemáticas (fue profesor toda su vida en el Christ Church, un colegio universitario en Oxford). De hecho, en este personaje confluyen dos caracteres: un tímido, tartamudo insomne, célibe y profesor de Matemáticas Charles y un imaginativo, transgresor, surrealista y creativo Lewis. Es, pues, este último el que interesa, y no Charles.

Entre sus grandes obras, Lewis Carroll nos dejó *Alicia en el País de las Maravillas, A través del espejo* (1871), *La caza de*

Snark (1875), *Silvia y Bruno* (1889/1893), *El juego de la lógica* (1887), *Matemática demente* (1888/1892), etc.

Lewis Carroll tuvo siempre una gran afición por todo tipo de matemáticas recreativas. Le gustaba proponer problemas ingeniosos que los niños pudieran resolver, entre ellos algunos que actualmente clasificaríamos en la teoría de grafos (aunque en su época lo único que se consideraba era el hallazgo de cómo recorrer un determinado dibujo sin levantar el lápiz del papel pasando por todas las líneas solo una vez).

Pero la joya de Lewis Carroll es sin duda *Alicia en el País de las Maravillas*, un cuento que inventó para la niña Alice Liddell en 1862. Tras su cuidada elaboración, Carroll logra un nuevo estilo de cuento donde reina la fantasía, la lógica se contrapone a lo extraordinario, los usos del lenguaje se llevan al límite y el sinsentido convive con el realismo. Ciertamente, las imaginativas ilustraciones del libro ayudaron en gran medida a su popularización.

> —Aún no lo he probado [...]: así que no puedo tomar más.
> —Querrás decir que no puedes tomar menos [...]: es bien fácil tomar más que nada.

Obras como las de Carroll siguen vigentes por los valores formativos que transmiten. Es importante prestar atención a la lógica, a razonar correctamente y a usar el lenguaje con exquisitez, y ello es compatible con el humor y la fantasía. Curiosamente, son tantas las traducciones y ediciones mundiales de *Alicia en el País de las Maravillas* que incluso existen coleccionistas.

Matemáticos aficionados

Afortunadamente, mucha gente disfruta de las matemáticas, en especial de resolver retos alentadores. Por suerte, hay algunos aficionados que, con más ingenio que conocimiento, encuentran resultados nuevos. Un fenómeno que no existe en otras ramas. Citaremos dos ejemplos bien bonitos.

Un caso es el del ama de casa americana Marjorie Rice (1923-2017). Era aficionada a leer las columnas de divulgación que Martin Gardner publicaba en *Scientific American* y quedó intrigada por el problema abierto de cuántos tipos de pentágonos convexos podían embaldosar el plano. Se sabía que los pentágonos regulares nunca podían hacer de loseta, pero, por ejemplo, K. Reinhardt había descrito cinco tipos de pentágonos que servían como baldosas en 1918 y R. B. Kerselmer, tres más en 1968. Ocho casos en cincuenta años ya indicaba que la cosa no era fácil. En 1975, R. James descubrió un noveno tipo y, a partir de aquí, entró en juego Marjorie, que, haciendo dibujos con un rotulador negro en las baldosas blancas de su cocina, halló cuatro tipos más entre 1975 y 1977. En 1985, R. Stein encontró el decimocuarto tipo y, en 2015, tres matemáticos americanos (C. Mann, J. McLoud-Mann y D. Von Derau), el decimoquinto. En 2015, Rao ofreció una demostración asistida por ordenador de que no puede haber más baldosas pentagonales que las ya conocidas.

Otro caso curioso fue el de George Odom, un interno del centro psiquiátrico Hudson River, que a principios de los años ochenta encontró una interesante propiedad geométrica del número de oro siguiendo lo que se denomina «método Odom», lo que dio pie a otros descubrimientos. Como se intuirá, un matemático aficionado internado en una clínica mental no era precisamente un buen aval para publicar un resultado. Pero este método se volvió muy famoso cuando H. S. M. Coxeter lo dio a conocer, aclarando que el autor era George Odom, en la revista *American Mathematical Monthly* (*Problem E3007*, 1983).

¡Los aficionados en busca de nuevos resultados siempre serán bienvenidos!

Maniacos en acción

También existen los aficionados obsesionados en intentar resolver problemas que ya se sabe que no se pueden resolver, por ejemplo, la cuadratura del círculo o la trisección de cualquier ángulo con regla y compás. Ellos creen haber encontrado una solución y emprenden una cruzada para que alguien avale su *genial* contribución. Envían cartas a los diarios y revistas serias que nunca les contestan y recorren los claustros universitarios implorando que algún catedrático ocioso lea su trabajo y certifique el hallazgo.

Sin embargo, como supondrás, nadie está dispuesto a perder unas horas en algo que ya se sabe que no es posible, aunque esto anima a los ingenuos *descubridores,* pues siempre pueden proclamar como aval el hecho de que nadie haya logrado encontrar un error en su trabajo. Lo peor es cuando logran engañar a alguien para publicar una nota sobre sus absurdos resultados, como periodistas desorientados o encargados de boletines desesperados por falta de material para cerrar un número de una revista, lo que anima aún más a estos aficionados a seguir extendiendo sus buenas nuevas con la coartada de que ya les han publicado su supuesto hallazgo.

El humor matemático

> Para mí, la clase de Mates es como mirar una película extranjera sin subtítulos.
>
> Anónimo

Todas las personas acostumbran a tener un tipo de humor característico. Los matemáticos no podían ser menos y el suyo siempre hace referencia a símbolos, operaciones, dificultades y estereotipos del gremio, como la excentricidad.

Libros de texto para escolares, webs populares de chistes, los propios alumnos y los docentes que desean alegrar sus clases difunden gran cantidad de estas, supuestamente, divertidas historias:

- ¿Qué le dice el cero al ocho? ¡Bonito cinturón!
- ¿Por qué se ha suicidado el libro de matemáticas? ¡Tenía muchos problemas!
- «Un hombre es como una fracción cuyo numerador corresponde a lo que él es, en tanto que el denominador es lo que cree ser» (Tolstói).
- La matemática es como el amor: una idea simple, pero que puede complicarse.

John Allen Paulos, Ian Stewart o Pepe Flores, entre otros, han estudiado extensamente este humor matemático para todos los públicos.

No obstante, aquí nos apetece indagar sobre el humor relatado y celebrado por los propios matemáticos. En general, no están especialmente dotados para contar chistes, pero disfrutan con aquellos que hacen referencia a su oficio. En este contexto, se distinguen las siguientes categorías prémium:

Frases o anécdotas que se atribuyen a famosos matemáticos

1. Una afirmación de George Pólya: «¿Qué es un filósofo? Un filósofo es uno que lo sabe todo y nada más».
2. Una crítica de Wolfgang Pauli: «Este nuevo colega, a pesar de ser muy joven, ya es absolutamente desconocido».
3. Una definición de J. H. Poincaré: «La matemática es el arte de dar el mismo nombre a cosas diferentes».
4. Un comentario de Henry Mann: «No creo haberme perdido conduciendo. Esta calle es de doble sentido,

porque yo voy en una dirección y muchos otros vehículos vienen en dirección contraria».

5. Una historia de Mark Kac: En una ocasión, un periodista preguntó a Kac: «Usted que es un matemático tan riguroso y preciso en sus definiciones, ¿podría definir a su esposa?». A lo que Kac contestó: «No, no sabría definir a mi esposa, pero, a pesar de ello, cuando aparece la suelo reconocer».
6. Un favorito de Sol Garfunkel: Un nuevo prisionero descubre en el patio de la cárcel que todos los presos se reúnen con uno que dicen que explica muy bien los chistes. El afamado contador de chistes solo dice números: «El 356», y los demás presos se ríen. «El 231», y siguen las risas. Entonces, el nuevo preso pregunta a un veterano del lugar dónde está la gracia, y este lo explica: «Como los chistes siempre son los mismos, él hace referencia a su número sin repetir el chiste, pero la gracia proviene de la forma de decirlo».
7. La historia del dinosaurio de Paulos: Una conocida historia es la del vigilante de un museo de ciencias naturales que, estando ante un gran esqueleto de dinosaurio, unos visitantes le preguntaron por la antigüedad de aquellos restos y contestó con una sorprendente precisión: «90.000.006 años». Extrañados, los visitantes pidieron explicaciones al paciente vigilante sobre los seis años, y este respondió: «Cuando llegué aquí, me dijeron que el dinosaurio tenía 90.000.000 de años y de esto ya hace seis años».
8. Contar cuántos estúpidos hay: Fue Bertrand Russell quien afirmó que «el problema de la humanidad es que los estúpidos están seguros de todo y las personas inteligentes están llenas de dudas». Y es que determinar la cantidad de estupidez humana ha sido siempre preocupante para los no estúpidos.
9. Según Quevedo, «todos los que parecen estúpidos lo son y, además, también lo son la mitad de los que no

lo parecen», lo que deja tan solo un 25 % de no estúpidos.

10. Walter B. Pitkin, en su obra *Una breve introducción a la historia de la estupidez humana,* de 1934, hace una estimación contundente: «Cuatro de cada cinco personas son lo suficientemente estúpidas para ser calificadas de estúpidas».

Humor en listas que son clasificaciones

Como ha constatado la sagaz periodista Esther Paniagua, la palabra *list* tiene más resultados en Google que la palabra *love,* algo que también sucede en español. Según ella, nos sentimos fascinados por las listas debido a tres razones: nos ayudan a organizar nuestro conocimiento, ahorran tiempo y son el patrón usual de presentar clasificaciones.

En 2015, se publicó el libro de Shaun Usher *Listas memorables,* que incluye ciento veinte listas históricas elaboradas por gente famosa. Entre otras, incluye «Lista de la compra (de Miguel Ángel)»; «Lista de los temas que me quedan por investigar (de Leonardo da Vinci)»; «Lista de partes para hacer un telescopio (de Galileo Galilei)»; «Lista de consejos a negros para empezar a coger el autobús (de Martin Luther King)», y «Lista de sospechosos de asesinar a John F. Kennedy (de su secretaria)».

En relación con la pasión literaria por las listas, es obligado detenerse un instante y prestar atención a Umberto Eco, autor de *El vértigo de las listas.* Con motivo de la presentación de este libro, el sabio italiano dijo unas palabras que vale la pena citar.

> La lista es el origen de la cultura. Es parte de la historia del arte y la literatura. ¿Para qué queremos la cultura? Para hacer más comprensible el infinito. También se quiere crear un orden —no siempre, pero a menudo—. ¿Y cómo, en tanto que

seres humanos, nos enfrentamos a lo infinito? ¿Cómo se puede intentar comprender lo incomprensible? A través de las listas, a través de catálogos, a través de colecciones en los museos y a través de enciclopedias y diccionarios. Hay cierto encanto en enumerar con cuántas mujeres se acostó Don Giovanni: fueron 2.063, al menos según el libretista de Mozart, Lorenzo da Ponte. También tenemos listas prácticas —la lista de la compra, el testamento, el menú— que son asimismo logros culturales por propio derecho.

Diversos escritores han usado las listas para ordenar su mundo de ficción y los resultados nunca nos cansan. En su maravilloso ensayo *El idioma analítico de John Wilkins*, Jorge Luis Borges incluye una clasificación que se encontraba en una enciclopedia china ficticia: *Emporio celestial de conocimientos benévolos.*

> En sus remotas páginas está escrito que los animales se dividen en (a) pertenecientes al emperador, (b) embalsamados, (c) amaestrados, (d) lechones, (e) sirenas, (f) fabulosos, (g) perros sueltos, (h) incluidos en esta clasificación, (i) que tiemblan como enojados, (j) innumerables, (k) dibujados con un pincel finísimo de pelo de camello, (l) etcétera, (m) que acaban de romper un jarrón, (n) que de lejos parecen moscas.

Un escritor capaz de romper nuestros esquemas a través de listas es Georges Perec, autor de *Tentativa de inventario de alimentos líquidos y sólidos que ingerí a lo largo del año 1974* y de *La vida: instrucciones de uso*, donde llega a proponer 81 recetas de cocina para principiantes sobre lenguados, conejos, mollejas o gazapos. Aunque posiblemente mi favorito sea *Pensar/clasificar*, en concreto el capítulo dedicado a la ordenación de los libros, donde, entre otras consideraciones, a veces surrealistas —se nos da una lista de los lugares donde se pueden guardar libros, por ejemplo—, Perec nos indica distintos modos de clasificar los libros: «clasificación alfabética; clasificación por continentes o países; clasificación por colores; clasificación por encuadernación; clasificación por fecha de adquisición; clasificación por fecha de publicación; clasificación por formato; clasificación por géneros; clasificación por grandes periodos literarios; clasificación por idiomas; clasificación por prioridad de lectura; clasificación por serie».

Otras listas que también me parecen deliciosas son las que se basan en hechos reales. En *El libro de las listas*, de 1977, D. Wallechinsky e Irving y Amy Wallace proponen algunas tan irresistibles como las de «Personas de las que se sospechó que eran Jack el Destripador», «Nombres de personas incorrectamente nombradas por Ronald Reagan», «Nueve gatos que viajaron una larga distancia y regresaron a casa» o «Diez libros memorables que nunca existieron».

Chistes esotéricos solo para entendidos

Un número infinito de matemáticos entran en un bar. El primero pide una cerveza. El segundo pide media cerveza. El tercero ordena un cuarto de una cerveza. El camarero grita: «Salgan de aquí, ¿están tratando de arruinarme?».

Pista: La suma infinita $1 + \frac{1}{2} + \frac{1}{4} + \ldots$ es 2.

Hay solo diez tipos de personas: las que entienden el sistema binario y las que no.

Pista: El 2 escrito en sistema binario es 10.

Cuando un estadístico pasa el control de seguridad del aeropuerto, descubren una bomba en su maleta. Él explica: «Las estadísticas muestran que la probabilidad de que una bomba esté en un avión es $\frac{1}{1.000}$. Sin embargo, la posibilidad de que haya dos bombas en un avión es $\frac{1}{1.000.000}$... Por lo tanto, estoy mucho más seguro».

Pista: Cálculo absurdo de probabilidades de sucesos independientes.

Cómo hacer un huevo frito

Si se dispone de una sartén dentro de un armario, una cerilla, un fuego de gas, aceite, sal y un huevo, ¿cómo se hace un huevo frito? Se saca la sartén, se coloca sobre el fuego, que se enciende con la cerilla, se pone aceite, se rompe el huevo sobre la sartén, se echa sal y se fríe el huevo. El problema es: ¿cómo se hace el huevo frito si la sartén ya está sobre el fuego? La buena estrategia matemática es meter la sartén en el armario y seguir el proceso anterior.

Historias que relacionan los matemáticos con otros profesionales

Hay una infinidad de chistes en los que aparecen comparaciones entre diversos profesionales donde siempre hay un matemático, un físico, un psicólogo, etc. El objetivo es mostrar las diferentes formas de razonar u observar la realidad.

¿Cuánto es 2 + 2?

El ingeniero manipula su regla de cálculo y dice: «3,99».

El físico consulta libros, usa la computadora y responde: «El resultado está entre 3,98 y 4,02».

El matemático confiesa: «No sé la respuesta, pero puedo probar que la respuesta existe».

El filósofo sonríe y pregunta: «¿Qué quieres decir con 2 + 2?».

El lógico reclama: «Por favor, sé más preciso definiendo 2 + 2».

El sociólogo dice: «No lo sé, pero ha sido bonito hablar sobre esto».

El comerciante: «4 más IVA».

El periodista: «¿Cuánto te interesa que salga?».

El estudiante de Medicina: «Da 4. Lo sé porque lo he memorizado».

La oveja escocesa

Un astrónomo, un físico y un matemático están en un tren en Escocia. El astrónomo mira por la ventana, ve una oveja negra en un campo y dice:

—Qué extraño. ¡Todas las ovejas en Escocia son negras!

—¡No, no, no! —dice el físico—. Solo algunas ovejas escocesas son negras.

El matemático pone los ojos en blanco y dice:

—En Escocia, hay al menos una oveja, al menos un lado de la cual parece ser negro visto desde aquí en un momento dado.

La realidad

Un ingeniero piensa que sus ecuaciones son una aproximación a la realidad. Un físico piensa que la realidad es una aproximación a sus ecuaciones. A un matemático el tema no le interesa.

Humor gráfico

Son numerosos los chistes gráficos donde se satirizan las matemáticas escolares, en especial en las tiras cómicas (por ejemplo, de *Mafalda*), pero destaca con luz propia la obra gráfica de Sidney Harris, colaborador del *American Scientist.*

Un conocido chiste sin palabras de Sidney Harris es una imagen de Einstein frente a una pizarra en la que ha escrito y tachado: $E = m\,a^2$, $E = m\,b^2$.

En el cielo, un santo confiesa a otro: «Empiezo a entender la eternidad, pero el infinito aún me supera».

Un marido llega a casa a altas horas de la noche y esgrime como excusa a su esposa: «Siento que llego tarde, pero es que he estado calculando 5.000 decimales del número pi».

Humor musical

¿Puede componerse una partitura que pueda interpretarse tanto de arriba abajo como al revés? La respuesta es sí y el genio en crearla fue Mozart. La partitura de este dueto para violines se colocaba en tamaño grande sobre una mesa rectangular y dos violinistas la tocaban simultáneamente desde sendos extremos. Una maravilla. Hace años, en la inauguración de una exposición sobre simetría en el Museo de la Ciencia de Barcelona, José M.ª Fortuny y yo situamos a dos violinistas en la entrada a la exposición, pero con la gracia adicional de que eran gemelos.

Otras estupendas canciones matemáticas aparecen en la serie de televisión americana *Square One TV*, pero la gran referencia en este tema es Thomas Andrew Lehrer (1928), un célebre americano, matemático de profesión, que ejerció como músico y concertista y dio conciertos en los años cincuenta y sesenta. Sus canciones han satirizado todo tipo de situaciones sociales, pero cabe destacar cuatro casos de interés para el tema que nos ocupa: «New Math» es una sátira sobre la matemática moderna de los años cincuenta y sesenta; «Lobachevsky» hace referencia a la geometría de este genio ruso; «That's Mathematics» describe con especial gracia el uso de las matemáticas en la vida cotidiana, y «The Professor's Song» alude a la actividad docente. Afortunadamente, todas estas canciones pueden escucharse hoy en YouTube, en los enlaces que aparecen en el apartado de referencias, algo que recomiendo. Tom Lehrer se retiró de sus actividades hace ya muchos años (2001), pero su legado musical permanece vivo.

La ESO y la ludopatía

La ludopatía es una enfermedad que induce al paciente a jugar de forma obsesiva y continuada, con la ruina económica y moral que esto implica. Las matemáticas, y en particular la teoría de juegos, permiten analizar con esmero estrategias ganadoras y predecir ganancias o pérdidas. Por ello, sería de esperar que lo aprendido sobre probabilidades en la ESO asegurase no apostar nunca dinero en los juegos de azar.

¿Cómo es posible que, conociendo el teorema que asegura que en todos los juegos de casino o loterías la banca siempre gana, siga habiendo jugadores? Pues los hay. Hay gente en casinos, en bingos, en las loterías, en las omnipresentes máquinas en bares, etc., que no ha aprendido. Un auténtico fracaso de la educación probabilística. El día en que nadie compre lotería ni juegue a máquinas, podremos decir que la educación ha surtido efecto.

Rincón recreativo

5. Orden alfabético y números

Si los números del 1 al 1.000 se ordenan según el orden alfabético de sus nombres, ¿cuál es el primero de la lista?

6. Una situación recreativa clásica con final sorprendente

Si conduces un autobús con 54 chicos y en la primera parada bajan 11 chicas y 6 chicos, en la segunda parada bajan 4 chicas y 20 chicos y suben 5 chicas, en la tercera parada bajan 5 chicas y suben 9 chicos, ¿cuál es la edad del conductor?

7. Las cortinas de Lola

La señora Lola (este es un caso real), con la ayuda de su metro de sastre, midió una ventana del comedor para poner una cortina. Adquirió la tela necesaria, constató que tenía las medidas adecuadas y cosió la cortina. Al ir a colgarla, comprobó alarmada que quedaba muy corta. ¿Dónde estaba el error?

8. La distribución de diez lámparas

Este problema clásico de L. E. Wood plantea el tema de distribuir diez lámparas de pie junto a las paredes de una habitación rectangular de forma que en cada pared haya el mismo número de lámparas. ¿Crees que es posible?

3

El sorprendente mundo de los errores matemáticos

Cualquier hombre puede cometer errores, pero solo un idiota persiste en su error.

Marco Tulio Cicerón

Las matemáticas, que durante muchos años se denominaron «ciencias exactas», siempre se han considerado dedicadas a las verdades, ajena a errores.

No obstante, con sencillos ejemplos apreciamos algunos errores frecuentes que provienen tanto de profesionales de la disciplina como de otras. Que conste que los errores pueden tener gran valor si hay suerte. Basta recordar la famosa cita de John Kenneth Galbraith: «Si todo lo demás falla, la inmortalidad siempre puede asegurarse mediante un error espectacular».

Un matemático europeo que viajaba a Estados Unidos en barco mandó un telegrama (dos días antes de llegar) a los matemáticos americanos que lo habían invitado: «He demostrado la hipótesis de Riemann. Detalles a mi llegada». Evidentemente, no tenía la solución, pero pensó «con esta noticia, seguro que me vienen a recibir encantados y me llevan al hotel. Les diré que yo mismo he descubierto un error en la prueba que anuncié».

Los diferentes tipos de errores

Los errores de procedimiento incluyen las múltiples equivocaciones aritméticas por aplicación errónea de un algoritmo. Curiosamente, los propios matemáticos cometen muchos errores al operar a mano, pues no están acostumbrados, por ejemplo, a hacer largas sumas, así que no confíes en ellos para sacar cuentas en tiendas o restaurantes.

Los errores de hecho son el resultado de no saber aplicar determinados contenidos o resultados.

Los errores conceptuales provienen de la ignorancia sobre ciertos contenidos o de la confusión entre determinados conceptos. Por ejemplo, hay largas discusiones sobre las figuras que son polígonos. Un error muy habitual en los medios de comunicación es hablar de cambios indicando que la situación ha dado un giro de 360°: 180° indicarían un giro inesperado, una situación inversa, pero con 360° todo queda como está.

Los errores aleatorios pueden aparecer en procesos de azar.

Los errores de gandulería son muy populares: se cometen por la falta de un mínimo esfuerzo o de atención.

Los errores fácilmente corregibles son muchos: son errores efímeros típicos en escolares, pero también posibles en adultos despistados o incompetentes.

Tantos por ciento y precisión excesiva

Que los resultados matemáticos sean precisos es del todo natural, pero resulta perverso exagerar la exactitud en los usos sociales de los números. Dar tantos por ciento es una actividad frecuente: las empresas los usan para anunciar subidas de precios («el billete de cercanías aumentará un 6,28 %»); las tiendas, para ofrecer rebajas («hoy, el 37 % de descuento»); los bancos, para captar clientes («el 7 % TAE»); los políticos, para hacer promesas («los sueldos van a crecer un 0,02 % por encima de la inflación»); los medios de comunicación, para alegrar al personal («el 22,66 % de los jóvenes se drogan»)... Todos somos usuarios o receptores de estos tantos por ciento y, en consecuencia, los disparates crecen.

Capitalismo en tantos por ciento

Entre las muy variopintas descripciones del capitalismo («la explotación del hombre por el hombre»), destaca una de T. S. Dunning donde la clave son los tantos por ciento a los que hace referencia:

> El capital se vuelve audaz si la ganancia es adecuada. Con un 20 %, se vuelve vivo; con el 50 %, positivamente temerario; con el 100 %, aplasta todas las leyes humanas, y, por encima del 300 %, no hay crimen al cual no se arriesgue, aunque le espere el patíbulo.

Más allá del 100 %

Una mala práctica en cálculos económicos lleva a veces a tantos por ciento superiores al 100 %, que no tienen ningún sentido.

Que un negocio pierda un 20 % es algo creíble; si se dice que ha perdido un 100 %, es la ruina total; si ha perdido un 200 %, es que, encima de quedarse sin nada, debe una cantidad equivalente a la pérdida. En informaciones sobre valores de cotizaciones de acciones, esto ocurre a menudo al dividir una pérdida de valor anual por el valor final cotizado.

Sumando porcentajes

Las estadísticas S. Fontdecaba y M. Montón han realizado un estupendo estudio crítico sobre estadísticas en la prensa (en Grima, 2008), incluyendo una perla como la siguiente, que apareció en titulares en *El Periódico* del 5 de enero de 2006:

> Alerta por la desprotección infantil ante los videojuegos violentos. El 65 % de los menores de 10 a 17 años admiten que acceden a programas para mayores de edad [...]. El problema es que el 50 % de los niños y el 15 % de las niñas entre 10 y 17 años reconocen que [...].

¡Glup! ¿50 % + 15 % = 65 %? Como hay tantos niños como niñas del 50 % de unos y del 15 % de las otras, solo es aceptable concluir que el 32,5 % de los jóvenes tienen un problema.

Y del 100 % al crecimiento exponencial

En lugar de informar con cifras concretas, en muchos telediarios a menudo los presentadores se dejan llevar por su incontrolada pasión comunicativa y, para enfatizar una subida notable, hablan de un «crecimiento exponencial».

Sería bestial y trágico que el consumo de drogas, los accidentes o los precios de la gasolina crecieran algún día exponencialmente. Ya no consistiría en duplicar, por ejemplo, sino en una potencia de dos: cuatro veces, ocho veces, dieciséis veces... Claro que tampoco vale la tendencia contraria del «apenas han variado los precios».

Con menos palabras y más cifras, todo quedaría más claro. Pero la moda de lo exponencial está instalada entre nosotros y no será fácil salir de ella, porque aún se puede ir más allá.

¿Desde dónde debes mirar un cuadro?

Un caso curioso de error cometido por la mayoría de los mortales se da en las pinacotecas o galerías. Muchas son las pinturas que se pueden mirar desde cualquier sitio; por ejemplo, un Miró puede contemplarse incluso haciendo la vertical o desde el suelo de la sala. De hecho, hay cuadros que ni los especialistas en exposiciones saben cómo colocar en la pared.

Sin embargo, una pintura bien hecha en perspectiva lineal, siguiendo la técnica de Brunelleschi, cuya finalidad es ofrecer a nuestros ojos una imagen real de algo tridimensional representado en el plano, solo podrá verse desde el lugar que el artista fijó para que gocemos plenamente de la perspectiva, de la sensación de profundidad.

Todo lo resuelve un sorprendente resultado llamado «teorema del observador»: frente a una pintura con perspectiva lineal, existe un único punto óptimo de observación. Seguiremos la sugestiva descripción de Ch. Zeeman sobre el tema.

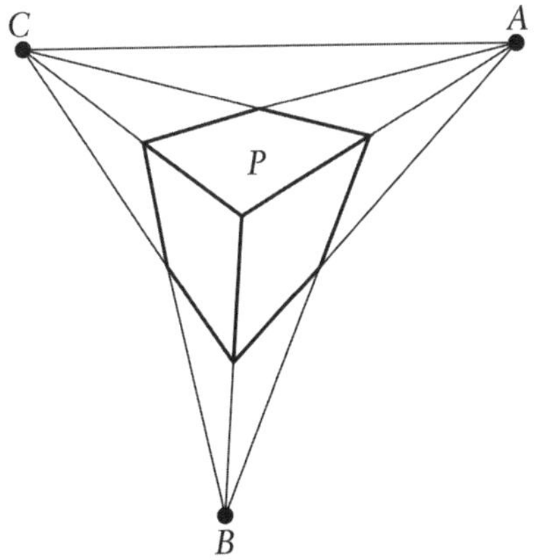

Cubo con 3 puntos de fuga

En la figura, hay representado un cubo con tres puntos de fuga: A, B y C. Por cada uno de estos puntos de la pintura, pasan las rectas del dibujo que representan las rectas paralelas que determinan las aristas paralelas del cubo real. Si quieres ver la recta PA perpendicular a la PC, tu ojo debe ver el segmento AB con un ángulo de 90°, es decir, tu ojo se deberá situar en un punto frente al cuadro de la esfera de diámetro AB. Por la misma razón, tu ojo también deberá estar en la esfera virtual de diámetro AC y en la correspondiente a BC. Parece increíble, pero tu ojo debe ¡estar a la vez en tres esferas! Afortunadamente, las tres esferas se cortan en un único punto frente a la pintura. En efecto, dos de las esferas se cortan en una circunferencia, y esta cortará a la tercera en el punto buscado.

El número de oro: ¿un fraude?

Un número especialmente popular en matemáticas y en sus aplicaciones es el llamado «número de oro», «razón áurea» o «divina proporción». Existe una gran cantidad de literatura que explica sus asombrosas propiedades y habla de su presencia en arquitectura, pintura, escultura, botánica, cuerpo humano, etc.

Que el numerito $Ø = (1 + \sqrt{5}) / 2 = 1{,}618\ldots$ tiene importantes propiedades aritméticas y geométricas es bien sabido y es notable su presencia en el pentágono regular (razón entre diagonal y lado) y en el dodecaedro regular, como límite de las razones entre los números de Fibonacci (1, 1, 2, 3, 5, 8...), etc. Martin Gardner o Keith Devlin han dicho que el valor estético del número de oro no es una virtud que provenga de Euclides, sino del psicólogo Gustav Theodor Fechner, del siglo XIX.

No obstante, se ha perpetuado sin demasiado rigor la relación entre el número de oro y la belleza: la proporción más bella corresponde a este número, tanto en caras humanas como en pirámides, cuadros de Velázquez, edificios de Le Corbusier, flores, etc. El libro (y película) *El código Da Vinci*, escrito por Dan Brown, el difundido *La proporción áurea*, de Mario Livio, o los libros de Matila Ghyka al respecto siguen contribuyendo al mito. Sobre este malentendido, recomiendo leer el artículo de George Markowsky (1992) citado en la bibliografía.

La polémica desaparece si, en lugar de proclamar la omnipresencia del número de oro *exacto*, se admite que hay muchas apariciones naturales y artísticas de valores próximos (1,6; $\frac{3}{2}$; $\frac{5}{3}$...). En la exactitud está el fraude.

Los números de la obesidad

Muchos retos matemáticos llevan a elaborar modelos (ecuaciones, fórmulas, etc.), resolver el problema planteado y verificar si la solución tiene sentido o hay que volver al inicio y redefinir el modelo. Sin embargo, el error puede no estar en la parte de la resolución, sino en la correspondencia entre la realidad y su modelización.

Veamos un ejemplo. La obesidad en humanos lleva a la necesidad de formular un modelo numérico que aclare quién es obeso y quién no lo es. En principio, el peso en kilogramos parece ser un buen indicador, pero salta la duda de si la altura altera el resultado (100 kg si se mide 200 cm no es lo mismo que si se mide 150 cm).

Aparece entonces un índice de masa corporal (IMC), definido como el peso en kilos dividido por el cuadrado de la altura en metros: IMC = peso en kg / (altura en m)^2. Así, para 70 kg y una altura de 1,70 m, por ejemplo, resulta: IMC = 80 / 1,70^2 = 29,41.

La Organización Mundial de la Salud (OMS) considera los valores de IMC como sigue:

- Normal: 18,5-24,9
- Sobrepeso: ≥ 25,00
- Preobesidad: 25,00-29,99
- Obesidad: ≥ 30,00

A continuación, clasifica la obesidad en varios tipos:

- Obesidad leve: 30,00-34,99

- Obesidad media: 35,00-39,99
- Obesidad mórbida: 40,00-49,99
- Obesidad: ≥ 50.

Un error obvio en el IMC es que no se diferencia entre hombre y mujer ni se tiene en cuenta la edad y la dificultad de las personas para entender qué esconde este valor.

Existe otro modelo antiguo que sigue teniendo sentido hoy: considerar que, de acuerdo con la altura (H) en centímetros, el peso correcto (P) en kilos debía aproximarse a $P = H - 100$; es decir, se ha de pesar el número de centímetros que superan el metro.

Un error de fabricantes: las tallas en España

La antropometría es la ciencia que estudia las medidas del cuerpo humano, tanto importantes para cada uno como trascendentes en la industria de la moda a la hora de establecer las tallas. Normalmente, se distingue entre medidas verticales, que se toman en sentido descendente sobre el cuerpo humano, como la altura, y medidas horizontales, que se toman en sentido circular, como el contorno del pecho, cintura o cadera. Hay varias medidas fundamentales y otras que se derivan de estas a partir del sistema de proporciones utilizado.

Cuando la ropa se hacía a medida, los acabados eran de más calidad y cada prenda se ajustaba a la perfección a nuestro cuerpo. Fueron buenos tiempos, pero forman parte del pasado (o de bolsillos pudientes). Ahora, debemos buscar la talla que se adecue a nosotros, y aquí empiezan los problemas.

Sin embargo, las tallas dependen no solo de las costumbres locales, sino también de los fabricantes.

La Unión Europea aprobó en 2007 la norma EN 13402, que regula las tallas de las prendas de vestir a partir de un exhaustivo estudio de antropometría europeo, hecho en los noventa, y de otros datos de estándares internacionales.

Además, gracias a la normalización de las compras por internet, hoy circulan tablas que permiten ver los equivalentes de las tallas en otros países. Así, si quiero comprarme una chaqueta en Estados Unidos de la marca X, puedo saber cuál será mi talla comparándola con la que me compré en Barcelona de la marca Z.

No obstante, vivimos en una sociedad donde parece que todo el mundo tenga que estar delgado (o extremadamente delgado), hasta el punto de que muchas tiendas solo venden tallas intermedias. Se olvidan de que existen muchas personas que necesitan o bien tallas X (XL, 1XL, 2XL, 3XL, etc.), o bien tallas muy pequeñas.

Cabe referirnos ahora al escándalo de las tallas españolas. Tener datos fiables de la antropometría es esencial para que las tallas se ajusten en todo el país a la realidad del momento. Por ello, los institutos de estadística, los gabinetes de investigación antropométrica, la industria y los ministerios correspondientes realizan, con cierta periodicidad, estudios muy detallados de la población y su evolución.

El 40 % de las mujeres españolas tienen problemas con las tallas

En 2008, el Ministerio de Sanidad y Consumo lideró un estudio antropométrico de la población femenina española que involucró datos de 10.415 mujeres. El punto motivador del estudio fue detectar que un 40 % de ellas expresaban tener problemas para encontrar tallas adecuadas. El trabajo fue realizado con un gran rigor estadístico y abarcó diez grupos por edades de entre doce y setenta años, poblaciones de residencia, etc.; es decir, los posibles errores quedaron perfectamente acotados. Destaquemos algunas conclusiones:

- Sobre la altura, las mujeres cada vez son más altas. Si en el intervalo 60-70 años es de 154,7 cm, en el intervalo 18-19 años la media es de 162,6 cm.

- Respecto al peso e índice de masa corporal, se da un 56,2 % de normalidad, un 6,4 % de delgadez, un 24,9 % de sobrepeso y 12,4 % de obesidad en distintos grados. Por tanto, hay kilos de más en un 37,3 % de la población femenina.
- En cuanto al tipo de cuerpo, un 39 % presenta forma de diábolo, un 25 % de campana y un 36 % de rectángulo, las cuales van acentuándose con la edad.
- Debería haber un margen de 4 cm para pecho (90-94 cm), cadera (98-102 cm) y altura (166-170 cm).
- Las tallas industriales actuales se basan en medidas definidas en 1972 que están obsoletas.
- Un 40,6-50 % de las mujeres declaran no encontrar tallas adecuadas, mientras que un 12 % de ellas parecen no tener problema.

El 60 % de los hombres tienen problemas con las tallas

En 2013-2014, se realizó un estudio antropométrico de la población masculina española con 1.583 hombres de diferentes autonomías y edades entre los doce y los setenta años. Para llevar a cabo las mediciones, el Instituto de Biomecánica de Valencia IBV (cuya web puede consultarse en el apartado de referencias) usó lo último en tecnología de escaneado láser, que permite conocer la morfología 3D del cuerpo mediante una nube de puntos con una tolerancia de 1 mm.

En el estudio, destacan los siguientes datos:

- Respecto a la altura, el español medio mide 173,1 cm (1,3 cm más que en los noventa). Los mayores de 55 años miden de media 167,4 cm, mientras que los jóvenes de entre 18 y 34 años, 175,3 cm: cada vez son más altos.
- En relación con el peso y el índice de masa corporal, el 11,8 % tiene obesidad; el 37,5 %, sobrepeso; el 4 %,

delgadez leve, y el 46,7 %, un peso normal. Con la edad, el problema de sobrepeso aumenta. En jóvenes, el sobrepeso afecta ya al 34,4 % y la obesidad al 9 %.

- El 60 % de los hombres tienen problemas para encontrar talla, frente al 40 % de las mujeres.
- En el 85 % de los casos hay un problema en las medidas de los patrones y resultan críticos los casos de las camisas y pantalones.

¡Queremos tallas para tod@s!

Un error eterno pero cambiante

Un reto clásico de las matemáticas consiste en calcular los decimales del número pi. Su conocimiento siempre ha reflejado los avances computacionales, desde los recursos aritméticos hasta las técnicas del cálculo infinitesimal y, hoy, el uso de la supercomputación.

El número pi es irracional y, por ello, sabemos que tiene decimales infinitos sin que aparezca un grupo de cifras que se repita (como en el caso de las fracciones). En consecuencia, cualquier aproximación decimal de pi lleva asociado un error inevitable. Cuantos más decimales haya, menor es el error.

Hay una diferencia notable entre la idea bíblica de que pi equivalía a 3 y una de las últimas aproximaciones halladas por Emma Haruka Iwao usando Google, con 31.415.926.535.897 decimales.

La inútil fórmula de Cerdà en Barcelona

El Ensanche de Barcelona se inició en 1860, después del derribo de las murallas de la ciudad en 1856, gracias al diseño urbanístico de Ildefons Cerdà Sunyer (1815-1876). Cerdà fue hombre de muchas habilidades: ingeniero, urbanista, jurista, economista y político, pero se lo recuerda especialmente por su pionero tratado sobre la teoría general del urbanismo y por el Ensanche.

La trama básica de Cerdà consiste en una cuadrícula regular con manzanas octogonales con calles de 20 m (10 m de calzada y 5 m de acera) y distancias entre líneas medias de dos calles paralelas inmediatas de 113,3 m, lo que da lugar a que al cuadrado de 400 m × 400 m se acomoden nueve manzanas.

Situar las calles paralelas o perpendiculares al mar posibilita que la orientación de los vértices de las manzanas ideales corresponda a los cuatro puntos cardinales (lo que asegura una iluminación correcta de la manzana a lo largo del día).

En cada isla (cuyas dimensiones surgen de las viarias), el chaflán es de 15 m a 45° y las partes rectas, de 83,3 m. También se previeron calles de 20, 30 o 60 m de ancho, así como construcciones de casas en dos de los cuatro lados con amplios espacios intermedios (¡una utopía!).

La obsesión de Cerdà era justificar el tamaño de las manzanas. Y así solucionó el tema:

> Si x es el lado de la manzana; 2b, la anchura de la calle; f, la profundidad edificable; d, la altura del edificio; v, el número de habitantes por casa, y p, el número de metros cuadrados de superficie por persona, entonces:

$$x = \frac{pv - 2bd}{d} \pm \sqrt{\frac{pv(pvf - 4bdf - 4b^2d)}{d^2f}}$$

Y, sin mayores explicaciones, toma $2b = 20$ m, $f = 20$ m, $d = 20$ m, $v = 43$, $p = 40$ m^2, y resulta $x = 113{,}3$ m. Hace años, probé que la fórmula de la x es totalmente arbitraria, un farol científico. Si unas medidas son razonables, no es necesario inventar una ecuación que las dé, pero las ambiciones matemáticas de los ingenieros pueden inducirlos a buscar fórmulas aunque sea un error crearlas artificialmente.

Los cálculos de Utzon para la Ópera de Sídney

En Australia, destaca por su belleza urbana la ciudad de Sídney, con una privilegiada situación junto al mar y unos exuberantes parques limítrofes. Acoge también una arquitectura moderna de gran calidad, en la que destaca la gran ópera, cuyas cúpulas blancas semejan velas, integrándola en la bahía.

Hacia los años cincuenta, se decidió construir un edificio doble en este lugar destinado a actividades musicales (3.000-3.500 espectadores) y teatrales (1.200 asistentes). Para ello, se convocó un concurso internacional, que ganó en 1957 el arquitecto danés Jørn Utzon. La originalidad de las formas presentadas sedujo al jurado. Utzon ha explicado que, cuando se planteó concursar, la idea del proyecto surgió en un restaurante a la hora de los postres: pidió una manzana y, al cortarla en ocho trozos y apoyar cada octavo en su cara triangular, se le ocurrió.

Las plantas y salas tienen un diseño austero y son de hormigón, pero Utzon volcó toda su imaginación dotando al edificio de exteriores esféricos. Aquí empezó el largo proceso de hacer posible la construcción de la ópera en una operación sin precedentes que arruinó durante años las arcas de Sídney y llevó al límite a numerosos ingenieros y arquitectos. Había varios problemas: el lugar elegido (construir junto al mar no es trivial), vientos muy fuertes en la bahía y las formas esféricas, de una magnitud nunca vista y que suponía un gran desafío estructural. Entre 1957 y 1963, se hicieron varios rediseños, muchos cálculos exigieron grandes ensayos de laboratorio e hicieron falta ingeniosos diseños de piezas de hormigón armado que permitiesen montar mediante arcos aquellas velas y luego hacer un recubrimiento cerámico con 4.000 piezas. Utzon tiró la toalla y otro equipo acabó el proyecto introduciendo técnicas informáticas avanzadas (de aquellos años).

El proceso fue escalofriante; el retraso, monumental; el coste total, un pecado, pero al final Sídney se identifica hoy con la imagen de esta ópera.

El extraño caso de los números callejeros

Si preguntáramos a la gente que camina por la calle por los números en las casas, a la mayor parte le resultaría algo obvio: cada una de ellas tiene un número. Sin embargo, lo cierto es que durante mucho tiempo las poblaciones (al menos, las más pequeñas) no han tenido ni calles con nombres ni edificios numerados. Bastaba con tener como referencia algún lugar que todo el mundo conociera —como la rectoría, la casa del farmacéutico o la finca de don Rafael— o sobrenombres, a menudo de una crueldad innecesaria —casa de la rata, mansión del cojo, los sin harina—. Sin embargo, a medida que las ciudades fueron creciendo, se hizo imprescindible ordenarlas. De lo contrario, los forasteros nunca llegarían a su hostal.

Visto así, parece algo sencillo, sin mayores incidencias. No obstante, ahora veremos que, así como existen determinadas reglas aceptadas por todos, también nos encontramos con excepciones, a veces difíciles de comprender, que requerirán de un guía experto. Asimismo, nos detendremos ante numeraciones asombrosas.

Pares a un lado, impares al otro

A partir del siglo XVIII, surgió en Europa la necesidad de numerar las casas para que fuera posible localizar a las personas en unas ciudades cada vez más pobladas, así como facilitar los servicios que fueron surgiendo con posterioridad, como el correo. En ese momento, se decidió que las casas de un lado de la calle tuvieran una numeración impar y creciente —1, 3, 5...— y las del otro lado de la calle tuvieran una par y creciente —2, 4, 6...—; para establecer el inicio de esta numeración, se tiene en cuenta la cercanía a una gran avenida o se establece una referencia, como el mar o la montaña.

¿El 28 delante del 456? Das ist Berlin!

En Berlín, como en otras poblaciones alemanas, se usa el llamado «sistema de numeración de herradura». Las casas del lado derecho se numeran correlativamente (1, 2, 3...) hasta llegar al final de la calle y, entonces, se sigue por el otro lado. Así, si acabamos con el 267, cruzamos la calle, pasando al 268, y seguimos contando: 269, 270... Cuando llegamos al final, obtenemos un número —545, por ejemplo—, que quedará justo delante del 1.

Campo di Santa Maria del Giglio 2467

Esta dirección corresponde al conocido hotel The Gritti Palace, de la ciudad de Venecia, y no es el único caso de numeración tan alta. Si buscas la dirección del NH Collection Venezia Palazzo Barocci, verás que corresponde a San Marco, Corte dell'Albero 3878 A. ¿Cómo es posible que en una ciudad como Venecia existan estos números más propios de Manhattan si está hecha de campos, puentes, canales y demás callejones sin salida?

Precisamente, fue la complejidad de sus calles la que llevó a dividir la ciudad en seis partes (San Marcos, Castello, Cannaregio, San Polo, Santa Croce, Dorsoduro). En cada una de ellas, la numeración empieza por el número 1 hasta completarse, siguiendo un recorrido más o menos lógico, por ejemplo, con el 5562 de San Marcos o el 6828 de Castello. Como a lo largo del tiempo la ciudad ha experimentado cambios, algunos de estos números han quedado obsoletos y ha sido necesario añadir letras; de ahí que encontremos direcciones como Corte dell'Albero 3878 A.

Numeraciones de cuadras argentinas

El centro de la capital argentina es de trazado regular con grandes avenidas, manzanas cuadradas y bellos árboles de enormes dimensiones —jacarandas, fresnos, madroños...—, que contemplan una vida frenética que nos recuerda aquello de que «Dios está en todas partes, pero atiende en Buenos Aires».

Impresiona la numeración de esta ciudad. Al ver direcciones con números tan elevados como Santa Fe 1580, uno se prepara para un largo recorrido; pero no tiene que ser necesariamente así, porque los números son identificadores de las distancias. El punto 0 se sitúa en la avenida Rivadavia y el Río de la Plata. La mayoría de las manzanas, cuadradas, miden una cuadra, que equivale a unos cien metros; de modo que, si salimos del número 1 de la avenida Santa Fe, tendremos que recorrer quince cuadras y media para llegar al 1580; o, lo que es lo mismo, 1,58 kilómetros.

Para peatones, conductores, taxistas, *remises* (coches privados que transportan viajeros) y colectivos, el sistema es sumamente informativo: cuando se llega al 1300, se sabe exactamente cuánto falta para llegar al 1580. Además, la mayor parte de las avenidas del centro de la ciudad (Córdoba, Corrientes, Santa Fe...) son paralelas a avenida Rivadavia y, como tienen cuatro calles intermedias, están separadas por una distancia de 400 metros.

Números históricos en calles de Japón

Todo hotel de Tokio que aspire a recibir turistas facilitará dos esquemas gráficos con claves fáciles de identificar. El primero nos indicará cómo llegar desde el aeropuerto hasta la estación de metro más cercana al hotel y el segundo, desde la estación de metro hasta el hotel.

Hay que tener en cuenta que en esta ciudad las casas se numeraron según el orden de construcción de la zona, de modo que la numeración es cronológica. El 1 corresponde a la más antigua y el 2, a la segunda más antigua. Algo muy útil para un arqueólogo, pero endiablado para un turista. Por ejemplo, la dirección del Tourist Information Center es 2-10-1 Yurakucho, Chiyoda-ku, Tokio; esto significa, de derecha a izquierda: la ciudad de Tokio, el barrio (*ku*) de Chiyoda, la zona de Yurakucho, la subárea Chome (el 2), la manzana 10 y el edificio 1 dentro del bloque. ¡Uf! ¡Bendito sea el inventor del GPS!

Calles en Manhattan

Nueva York bautizó algunas de sus calles con números. El gran eje central, que divide la isla en dos grandes zonas, este y oeste, se llama Fifth Avenue ('Quinta Avenida'). Las avenidas paralelas tienen nombre de letra —A, B, C...— y están cruzadas por calles con nombres de número 34, 42, 57... De este modo, se genera una estructura cuadricular con avenidas de gran amplitud (18 m, 30 m...) y manzanas de medidas más que razonables.

Sin embargo, la geometría no se aplica de manera rígida, sino que la cuadrícula acoge calles y plazas importantes (Broadway Avenue, 42nd Street, Times Square...) hasta culminar en el gigantesco Central Park.

Números callejeros defectuosos

Aunque parezca absurdo, hay grandes ciudades donde no está bien colocada la numeración de sus casas o calles. Según se observa en internet, los errores más habituales incluyen números demasiado pequeños, mal situados (muy altos, por ejemplo) o con dígitos faltantes.

Más difíciles de explicar son otros problemas, como que el número sea del mismo color que la pared, que esté escrito a mano o en numeración romana, que quede tapado por adornos navideños o que esté situado en lugares insólitos, como buzones o enanos de jardín... ¡Ver para creer!

Para descubrir una amplia colección de errores matemáticos que se han dado en todos los oficios y en ámbitos sociales diversos, consulta mis libros *Asesinatos matemáticos* y *Los asesinos matemáticos atacan de nuevo*, ambos publicados en Ariel.

Errores y teoremas

Todos los descubrimientos científicos o técnicos son siempre provisionales; caducan, como los yogures. Su validez se difumina cuando quedan superados por un nuevo descubrimiento, invento o técnica.

Sin embargo, esto no ocurre con los resultados matemáticos: un teorema es para siempre, ¿no? Para que esto sea una realidad, el teorema debe estar bien. No solo ha de ser cierto, sino estar bien demostrado, sin errores, con todos los detalles explicados y todos los casos posibles bien resueltos.

A lo largo de la historia, son abundantes los casos de enunciados correctos, pero con demostraciones que tenían algún punto débil, ya fuese un error de cálculo en un paso o un caso particular que no quedaba bien argumentado. Normalmente, algún matemático repasaba la prueba, localizaba los errores y, si había suerte, los solucionaba, por lo que el teorema volvía a la vida.

En 1852, Francis Guthrie conjeturó que todo mapa se podía colorear con solo cuatro colores, con los países con frontera común de color diferente. Muchos matemáticos de aquella época intentaron demostrar, en vano, que la conjetura era cierta y nadie halló un contraejemplo (como un mapa que necesitase cinco colores). Por fin, en 1879, Alfred Bray Kempe anunció que tenía una demostración.

La alegría duró once años, pues Percy John Heawood halló un error en 1890 y probó que con cinco colores era suficiente siempre. Tuvieron que pasar ochenta y seis años hasta que alguien solucionara definitivamente el tema. En 1976, los americanos Kenneth Appel y Wolfgang Haken, con la ayuda de medios computacionales, demostraron que el teorema de los cuatro colores era cierto.

Nótese que el enunciado del resultado «cuatro colores son suficientes para colorear cualquier mapa con colores diferentes en países con frontera común» es simple y fácil de transmitir, pero esconde una gran dificultad, que justifica el tiempo transcurrido para hallar una prueba convincente: el resultado hace referencia a cualquier mapa, es decir, incluye millones de casos.

Un farol, trescientos años, un error y la gloria

En el mundo de la caza de teoremas, hay problemas en apariencia difíciles que quedan abiertos muy poco tiempo y problemas a primera vista simples que esperan años o siglos para ser resueltos, como el de los cuatro colores que acabamos de ver.

El último teorema de Fermat decía que no hay soluciones enteras no triviales de la ecuación *de* $x^n + y^n = z^n$ para $n \geq 3$. Esta conjetura tiene tres episodios inesperados. El primero es el farol que se marca Pierre de Fermat al dejar escrito en el margen de su *Aritmética* de Diofanto la famosa frase en que se atribuye contar con una bella solución, pero no tener espacio suficiente para explicarla (¡Fermat era también un abogado siempre rodeado de papeles!). El segundo episodio inesperado es la espera de trescientos años para que el tema quede resuelto. Y el tercero es la enrevesada solución dada por Andrew Wiles, aunque en su ataque y derribo hay una primera contribución que contiene un error; no obstante, él mismo y Taylor acabaron demostrando lo que tocaba.

Rincón recreativo

9. La diagonal de una caja

Encima de la mesa, dispones de una caja, una cinta métrica y una calculadora. ¿Cómo puedes encontrar la longitud de la diagonal principal de la caja sin abrirla?

10. La sorpresa del IVA

En una tienda, el dependiente te dice: «Como tiene el diez por ciento de rebaja y le debo cargar el ocho por ciento de IVA, ¿qué prefiere?, ¿le cargo primero el IVA y luego le aplico el descuento o lo hago al revés y le cobro el IVA una vez hecho el descuento?». ¿Qué responderás?

11. La desaparición del IVA

Si en una tienda te ofrecen no cobrarte el 21 % de IVA, ¿te están haciendo un 21 % de descuento?

12. El traslado de una mesa

Una mesa de 75 cm de altura y dimensiones superficiales de 120 cm × 250 cm se ha de trasladar a una habitación cuya puerta mide 70 cm de anchura y 225 de altura. ¿Es posible?

4

Pecados capitales y matemáticos

> Es conflictivo el hecho de que un villano no muestre su maldad. Los villanos son necesarios para que los caballeros se conviertan en héroes.
>
> HELBRAM

Los famosos siete pecados *capitales* son los vicios ya mencionados en las primeras enseñanzas cristianas católicas: lujuria, gula, avaricia, pereza, ira, envidia, soberbia.

Como es bien sabido, los siete pecados capitales se dividen en veniales, relativamente menores, y mortales, de alto calado perverso y de los cuales uno solo se puede redimir mediante contrición severa o confesiones eclesiásticas muy estrictas.

¿Qué se podría decir de los pecados capitales de la gente de matemáticas? El tema está abierto, pues nunca se ha estudiado lo suficiente, pero en este apartado vamos a hacer una breve aproximación a la cuestión.

A este autor le parece que la lujuria, la avaricia y la ira son pecados capitales que se han dado con carácter venial en matemáticos, pero como en otros colectivos científicos, ni más ni menos. Veamos los demás y el muy especial caso de los suicidios.

Gula matemática

La gula sí que se da en numerosos casos. Por ejemplo, en muchas recepciones de grandes congresos donde hay cantidades ingentes de aperitivos, he observado que los asistentes se lanzan de forma compulsiva a la caza de croquetas, bocadillos, canapés de jamón, etc., comportándose como una marabunta, como si hubiesen estado sometidos a un penoso ayuno de muchos días. Asimismo, el consumo de bebidas alcohólicas acostumbra a ser frecuente en casi todos los congresos.

En Austria es donde vi que se tomaban más jarras de cerveza entre matemáticos; tras asistir a sesiones científicas serenas, ya sea para olvidar lo aprendido o para prepararse para un sueño reparador, consumían con fervor las espumosas jarras. En el Instituto Matemático de Oberwolfach, en plena Selva Negra, donde se celebra un congreso cada semana del año con unos sesenta participantes, existe, junto a una de las mejores bibliotecas de matemáticas del mundo, una vinoteca de gran calidad y cantidad, la cual asegura cada día del congreso una feliz velada.

La pereza como virtud

Un pecado capital relevante es la pereza. Al respecto, es famosa la cita de Peter Hilton: «La matemática es para gente perezosa».

No obstante, en contra de lo que sería un defecto en otros campos, en matemáticas la pereza es una virtud: buscar soluciones de problemas con el método más rápido y los recursos mínimos, así como centrarse en la genialidad de lo breve; lo que en diseño industrial es el lema «menos es más» aplicado a los cálculos y argumentos de la matemática. El propio repertorio de símbolos matemáticos ayuda a buscar formas simples de resolver retos.

La pereza en el sentido de gandulería solo se da en algunos casos (como catedráticos que paran de investigar al día siguiente de haber ganado su cátedra).

Envidia matemática

La envidia (el más extendido pecado capital de los españoles, según Fernando Díaz-Plaja) sí que está presente en el ámbito matemático: envidia de que alguien halle una solución mejor a un problema o un método más eficiente para resolverlo, pero también de que otros colegas logren financiación para un proyecto o una cátedra en una universidad mejor. Algunos, por envidia, son capaces de todo.

Soberbia matemática

La soberbia está muy extendida, al ser numerosos los matemáticos que sienten un orgullo exagerado por lo que hacen y desprecian el trabajo de otros (incluyendo sus colegas de profesión). A veces, sería de agradecer más humildad. Y cabe destacar que los matemáticos realmente excelentes acostumbran a ser muy humildes.

En una ocasión, conocí a un catedrático de una universidad madrileña cuyos colegas decían de él: «Es un hombre muy religioso porque cree firmemente que Dios existe... porque es él». También recuerdo una conferencia de Gian-Carlo Rota en el MIT donde desde el principio dejó claro el inmenso valor de lo que hacía, su convencimiento de que era el mejor del auditorio.

El no reconocimiento de musas matemáticas

¿Han existido musas matemáticas? Las musas griegas eran las nueve hijas del dios Zeus y la diosa Mnemósine: Calíope,

Clío, Erató, Euterpe, Melpómene, Polimnia, Talía, Terpsícore y Urania, las cuales se dedicaron esencialmente a las artes, pero también abarcaron otros campos, iniciando así la idea del pluriempleo. Por ejemplo, Urania ('la celestial') fue musa de la astronomía, la poesía didáctica y las ciencias exactas, y se la representaba portando un globo terráqueo que medía (¡ojo!) con un compás. Pero cabe destacar el caso de Erató, encargada de la poesía amorosa, el mimo y... la geometría, combinación extraordinaria, incluso en un contexto mitológico.

Pintores, escultores, escritores y poetas han insistido siempre en hablar de las musas como fuente imprescindible de inspiración. Ello lleva al dilema de si el reconocimiento del papel de las musas ha sido un acto de modestia o, por el contrario, de exaltación de las propias obras, que vendrían así avaladas por un toque divino.

De las musas matemáticas poca cosa se sabe. Por supuesto, algunos ilustradores atrevidos han creado toda una iconografía de estas supuestas musas matemáticas para grabados o cubiertas de libros y son especialmente abundantes las representaciones de la musa de la aritmética y de la de la geometría. Esta última es fácilmente identificable por llevar en las manos algún cuerpo geométrico (cubo, esfera, cono, cilindro...). Pero resulta muy sorprendente que la musa de la aritmética se represente a menudo como una elegante mujer con un brazo levantado y el dedo índice hacia arriba. Que solo señale el conocimiento del número 1 resulta alarmante. Cabe pensar que esta musa está mucho más dotada y que el problema es el limitado conocimiento numérico del artista.

La falta de modestia de la mayoría de los matemáticos los ha inducido a no reconocer nunca el valor de la inspiración o las musas. Ellos se consideran musas de sí mismos. No conocen las ventajas del *marketing* de las musas.

El suicidio es uno de los pecados mortales graves. El caso de científicos y matemáticos no ocupa un lugar excepcionalmente destacado en los índices sobre suicidios y profesiones. Se dice que el oficio con más suicidios es el de dentista.

No obstante, también hay algunos finales tristes de destacados matemáticos. En muchos casos, su muerte no se ha documentado y han aparecido leyendas sobre cómo pasó, algunas de las cuales insinúan un suicidio. Entre ellas, encontramos las de Pitágoras, Empédocles o Nina Bari (matemática rusa).

Como veremos en los ejemplos seleccionados, a menudo el suicidio es el resultado de una depresión profunda o de situaciones políticas horrorosas, pero también se dan casos de gran estupidez. Para más información, se puede visitar la web Gaussianos, cuyo enlace aparece en el apartado de referencias.

El final de Eratóstenes

Eratóstenes de Cirene (*ca.* 276-194 a. C.) fue uno de los grandes sabios de la Antigüedad, con destacados trabajos en ámbitos bien distintos: geografía, matemáticas, astronomía, filosofía, cronología, gramática, crítica literaria y poesía.

Con treinta años, fue nombrado director de la Biblioteca de Alejandría, puesto en el que permaneció hasta su muerte, cuarenta y cinco años después. Ya de mayor, el sabio tuvo una grave afectación oftalmológica que le impedía a leer. Quedarse ciego siendo director de la Biblioteca de Alejandría no era precisamente una situación deseable. Deprimido por ello, parece que Eratóstenes se dejó morir de inanición.

El suicidio de Cardano

Girolamo Cardano (1501-1576) nació en Pavía y era hijo ilegítimo de un abogado y geómetra de la Universidad de Pavía y de una viuda de Milán. Su padre era un intelectual reconocido, asesor ocasional de Leonardo da Vinci, e influyó enormemente en su vocación matemática, pero Cardano quiso dedicarse también a la medicina después de un periodo en que fue ayudante de su padre en Milán.

Cardano destacó en campos tan diversos como medicina, mecánica, geología, hidrodinámica y, muy especialmente, en álgebra, así como en el inicio de la teoría de la probabilidad. Por toda Italia y parte de Europa corrió su fama por sus curaciones médicas y sus superventas matemáticos (*Ars magna, La práctica de la aritmética y la medida simple, Liber de ludo aleae*...). También escribió su biografía, *Mi vida,* tremendamente elogiosa.

No obstante, Cardano tuvo un gran problema personal: su profunda soberbia, su despotismo con los demás, sus intrigas y sus traiciones. Esta reconocida fama lo llevó a trabajar en lugares diversos y a vivir periodos de su vida en condiciones muy peculiares; fue desde rector de universidad o de un Colegio de Medicina hasta prisionero, desde un rico hacendado hasta un tramposo jugador de dados, cartas y ajedrez.

Dice la leyenda que realizó su propia carta astrológica y predijo la fecha de su muerte: el 21 de septiembre de 1576. En el *Diccionario histórico y crítico,* del filósofo y escritor francés Pierre Bayle (1647-1706), se dice lo siguiente sobre su faceta de astrólogo y esta morbosa predicción:

> La naturaleza le dotó con cuatro facultades: caer en el éxtasis más arrebatador cuando le placía, ver todo lo que se proponía, prever su futuro a través de los sueños y también —por último— a través de las marcas de las uñas. Fue condenado por atreverse a calcular la fecha del nacimiento de Jesucristo. Se dice que sus predicciones astrológicas fueron corroboradas

por los fenómenos mismos, pero parece que este arte no le ayudó en sus propios asuntos. Algunos cuentan que, después de haber predicho el día de su muerte, Cardano dejó de comer para que se cumpliera el fatal vaticinio pues, de continuar con vida, su supervivencia podría traer el escándalo a su profesión. En su lugar, pocos serían capaces de demostrar tal coraje o de defender su oficio con tanta humildad; pocos podrían seguir su ejemplo sin temor y sin desfallecer.

Así pues, era tan consecuente con sus palabras y sus actos que se suicidó ese mismo día, cumpliendo así su profecía. Antes la muerte que admitir su error predictivo. ¡Vaya imbécil!

La predicción de Abraham de Moivre

Otro caso de predicción de la fecha de la propia muerte por parte de un matemático fue la de un amigo de Isaac Newton, el británico de origen francés Abraham de Moivre (1667-1754). Este trabajó en teoría de probabilidades, números complejos y trigonometría, aunque su predicción fue una cuestión de progresión aritmética, y no de astrología.

Cuenta la historia que, teniendo ya una edad avanzada (ochenta y siete años), se sentía cansado y se dio cuenta de que cada día necesitaba dormir quince minutos más que el anterior, por lo que vaticinó que moriría cuando esa progresión llenara las veinticuatro horas del día, lo que ocurrió el 27 de noviembre de 1754.

El extraño caso de Descartes

El gran matemático y filósofo René Descartes (1596-1650) fue invitado en 1649 por la joven reina Cristina, de diecinueve años, a viajar a Suecia para llevar el conocimiento a su corte y enseñarle a ella filosofía. A pesar de sus dudas iniciales, el filósofo cambió su tranquila y pacífica existencia en Holanda (le gustaba meditar acostado en la cama durante las primeras horas de la mañana o al lado de su estufa al levantarse) por la fría vida en Estocolmo. Cabe remarcar que Descartes, a pesar de ser el creador de las coordenadas cartesianas, no se dio cuenta del clima que iba a sufrir allí.

La reina Cristina decidió que el mejor horario para recibir las enseñanzas de Descartes era las cinco de la madrugada, en una fría biblioteca con las ventanas abiertas de par en par para recibir el fresco de la mañana. Así, cada día antes de que saliera el sol, el pobre Descartes tenía que dejar su caliente y cómoda cama para dar sus clases de Filosofía. Para colmo, fue el centro de los cotilleos de quienes pensaban que era una mala influencia para la reina.

Como narra Howard W. Eves en *Mathematical Circles*, el frío e inhóspito clima de Estocolmo, la ruptura del hábito de quedarse en la cama hasta el mediodía y la añoranza de su vida llena de paz y tranquilidad, y de mantenerla en privado, y no en el centro de atención, fue demasiado para Descartes. Después de unos meses en Estocolmo, murió el 11 de febrero de 1650, en apariencia por una neumonía, pero existen otras versiones. El filósofo alemán Theodor Ebert, en su libro sobre la muerte de Descartes, afirma que Descartes no murió por causas naturales, sino por una oblea de la comunión con arsénico que le dio un sacerdote católico.

Efectos del nazismo

En toda Europa, muchos fueron los matemáticos judíos que desarrollaron una gran labor de investigación. Desafortunadamente, la expansión de los nazis afectó a estos profesores, que en muchos casos optaron por emigrar, pero en otros optaron por el suicidio. Cito tres casos bien acreditados.

El matemático judío alemán Felix Hausdorff (1868-1942) fue el padre de la topología y su nombre aún aparece hoy en numerosos resultados y conceptos. A causa de la persecución nazi y de su asignación al gueto (en Bonn) de Endenich, se suicidó junto con su mujer y su cuñada el 26 de enero de 1942 por una sobredosis de veronal.

Paul Epstein (1871-1939), matemático judío alemán que trabajó en teoría de números, se suicidó ingiriendo gran cantidad de barbitúricos tras recibir una citación de la Gestapo.

Dénes König (1884-1944) fue un matemático húngaro autor del primer libro de texto sobre teoría de grafos. Se suicidó durante la ocupación nazi de Hungría por temor al régimen de terror que se impuso a los judíos de Budapest.

El temor al envenenamiento de Gödel

El gran matemático y lógico Kurt Gödel (1906-1978) sufrió a lo largo de su vida numerosos trastornos mentales. Ya mayor, su obsesión era que lo envenenasen y solo comía lo que le preparaba su esposa, Adele. Pero un día esta fue hospitalizada y ya no pudo encargarse de él, por lo que este se negó a comer y falleció en Princeton el 14 de enero de 1978 por desnutrición e inanición.

Matemáticos en situaciones depresivas

Algunos procesos depresivos severos han llevado al suicidio de matemáticos notables.

Este es el caso del inglés Arthur Black (1851-1893), que también asesinó a su mujer e hijo; el italiano Renato Caccioppoli (1904-1959), que se pegó un tiro en la cabeza después de un largo proceso de alcoholismo; el austriaco Paul Ehrenfest (1880-1933), que mató a su hijo antes de dispararse; el alemán Andreas Floer (1956-1991); el ruso Aleksandr Lyapunov (1857-1918), también físico; el irlandés James MacCullagh (1809-1847), o el ruso Lev Schnirelmann (1905-1938).

El caso de Alan Turing

El inglés Alan Mathison Turing (1912-1954) fue una de las grandes figuras científicas del siglo xx, destacado por sus originales aportaciones en varios campos: matemáticas, lógica, computación y criptografía. Además, fue uno de los padres de la ciencia de la computación y de la informática moderna: inventó la máquina de Turing e influyó en las ideas de algoritmos y de los procesos computables. Siempre se recordará y admirará su gesta de descifrar mensajes codificados de los alemanes al final de la Segunda Guerra Mundial.

Sin embargo, los dos últimos años de vida de Turing merecen una triste consideración. Desde siempre, pero en secreto, fue homosexual y en 1952 fue amante de un tal Arnold Murray, que lo traicionó facilitando el acceso de unos ladrones a su casa. Como era de esperar, Turing se dirigió a la policía para presentar denuncia y ahí empezó un escándalo de trágicas consecuencias. Reconoció su homosexualidad y ello dio pie a que la policía lo culpara de indecencia grave y perversión sexual. Turing no se arrepintió de su confesión y fue condenado, pero se le ofrecieron dos alternativas: ir a prisión o admitir un tratamiento hormonal que supuestamente *curaría* su enfermedad sexual. Cometió el error de aceptar el tratamiento, que le afectó tanto física como mentalmente.

Tras dos duros años de tratamiento, se encontró a Turing muerto en su casa el 7 de junio de 1954 después de ingerir parte de una manzana que contenía cianuro. La policía avaló la tesis de que se trataba de un suicidio, pero quedó abierta la posibilidad de que hubiese sido un asesinato.

Cabe remarcar que la leyenda que circula en internet según la cual el logo de la manzana de Apple (un poco comida) tiene relación con la muerte de Turing es inaceptable y falsa. Este logo hace referencia a la manzana que cayó del árbol al suelo e inspiró la teoría de la gravedad de Newton.

Como puede verse, el escándalo policial fue enorme y doble: escandalosa detención y condena de Turing y escandalosa falta de investigación sobre su muerte.

El triste final de Taniyama

Yutaka Taniyama (1927-1958) fue un eminente matemático japonés cuyo nombre ha quedado inscrito en la conjetura de Shimura-Taniyama, crucial para resolver el último teorema de Fermat.

Se suicidó con treinta y un años el 17 de noviembre de 1958, dejando una nota aclaratoria de su decisión:

> Hasta ayer, no tenía la intención definitiva de suicidarme. Más de uno debe haber notado que últimamente estoy cansado tanto física como mentalmente. Yo mismo no lo entiendo del todo, pero no es el resultado de un incidente particular, ni una cuestión específica. Simplemente quiero decir que he perdido la confianza en el futuro. Quizás mi suicidio perturbe o sea un duro golpe para ciertas personas. Espero sinceramente que este incidente no ensombrezca la vida de esta persona. En cualquier caso, no puedo negar que esta es una especie de traición. Excusad mi comportamiento. Es el último acto que hago a mi manera, como he venido haciendo mi manera toda mi vida.

Posiblemente, la frase «que este incidente no ensombrezca la vida de esta persona» hiciese referencia a su novia, Misako Suzuki, la cual también se suicidó poco después dejando una breve nota: «Nos prometimos que no importaría a dónde nos dirigiéramos, nunca nos separaríamos. Ahora que se ha ido, yo también me tengo que ir a reunirme con él».

Una historia de amor con final desgraciado.

Cómo evitó un suicidio el teorema de Fermat

Una curiosa historia es la del físico alemán interesado en matemáticas Paul Wolfskehl (1856-1906), que ofreció un premio de 100.000 marcos de la época a quien demostrara el último teorema de Fermat.

Una oferta tan extraordinaria ha dado lugar a diversas leyendas, aunque la más creíble es que Wolfskehl había planeado su suicidio para un día concreto a una hora concreta, pero el fatídico día tomó un libro sobre el teorema de Fermat y se interesó tanto por ese problema que se le pasó la hora del suicidio, lo dejó correr y, entendiendo que aquello le había salvado la vida, estableció el premio. Andrew Wiles obtendría este premio muchos años después.

Rincón recreativo

13. La pala con la aceituna

Este entretenimiento clásico se dice que ya le fue planteado a Leonardo da Vinci. Una aceituna está colocada entre una pala de cuatro palillos. Debes mover dos palillos para que quede una pala idéntica, pero con la aceituna fuera (L. Balbuena).

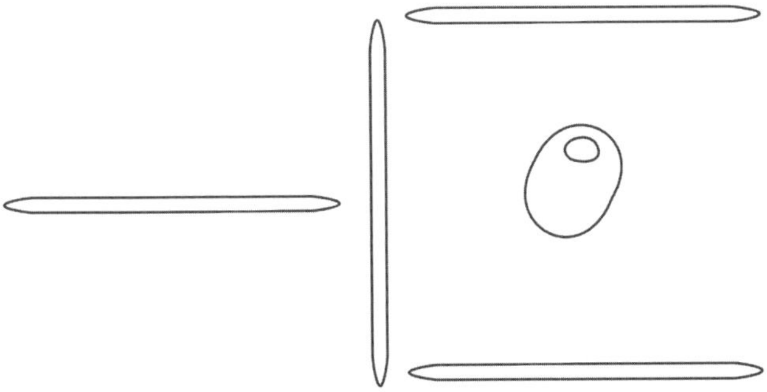

Liberar la aceituna

14. Una pregunta de Jorge Wagensberg

Considera una gota de agua, una burbuja de cava, un huevo de caviar y una pelota de ping-pong: ¿qué tienen en común?

15. Una de Lewis Carroll

Lewis Carroll propuso la sorprendente cuestión «¿En qué se parece un pupitre escolar a un cuervo?». Años después, alguien dio una respuesta: «En que hay una a en ambos». ¿Qué opinas?

16. ¿Cuál es el centro de Barcelona?

5

La maldad matemática y sus escándalos

> Para que triunfe el mal, solo es necesario que los buenos no hagan nada.
>
> EDMUND BURKE

Este capítulo está dedicado a la maldad y a los escándalos. La etimología de la palabra *escándalo* hace referencia a 'la piedra con que se tropieza', pero en la actualidad se asocia con desenfreno, desvergüenza, corrupción, mal ejemplo, hecho inmoral o condenable que causa indignación, etc.

En este apartado, se recopilan algunos escándalos curiosos propios del mundo matemático que permiten ver que, incluso en este honorable campo, la maldad es posible, pues se trata de personas, con todo lo que ello implica de bueno y de malo. También se citan escándalos de cuando la gente del gremio es víctima de la actuación de la sociedad, la Iglesia, etc.

Algunos de los escándalos que describiremos están presentes en los demás colectivos humanos, pero tendremos ocasión de observar algunos que tienen que ver con características propias de la disciplina.

El escándalo más notable protagonizado por un matemático quizás sea el del americano Theodore *Ted* J. Kaczynski, fallecido en 2023 en la prisión donde permanecía condenado a cadena perpetua. Describiremos su intrigante caso someramente. Sobre él, hay libros e incluso una popular serie de Netflix, lo cual me ha facilitado en gran medida escribir este apartado.

De niño superdotado a matemático brillante

Ted nació en Chicago en 1942 y ya en su etapa escolar demostró poseer una inteligencia destacada, así como diversas fobias sociales y un carácter muy introvertido. Todos sus estudios los realizó avanzando cursos, pero este hecho influyó negativamente en su carácter y en las relaciones con sus compañeros, que fueron tensas. De hecho, acabó el bachillerato dos años antes de lo habitual y accedió a la Universidad de Harvard a los dieciséis años. Ya graduado, en 1962 entró en la Universidad de Michigan, donde cursó su doctorado en Matemáticas, con una original tesis sobre funciones geométricas.

Inmediatamente, Ted logró plaza como profesor en la prestigiosa Universidad de California, en Berkeley, donde hizo una relevante serie de publicaciones matemáticas en buenas revistas. Sus colegas quedaron sorprendidos cuando, tras solo dos años, dejó la universidad y regresó a su casa familiar, donde estuvo otro par de años.

El experimento de Murray

Un hecho relevante que podría haber marcado de alguna manera la mente de Ted y que no fue bien conocido hasta el 2003, cuando Alston Chase publicó la biografía *Harvard and the Unabomber*, es el siguiente: Ted participó en estudios de personalidad llevados a cabo en Harvard por el doctor Henry Murray y subvencionados por la CIA en los que, «de forma encubierta, se sometía a los participantes a una gran carga de estrés».

Los experimentos de Murray posiblemente tenían una finalidad oscura: desarrollar métodos de interrogación y tortura, lo que explicaría el carácter secreto del trabajo. Ted participó con otros veinticuatro jóvenes a lo largo de tres años, lo que contribuyó a que desarrollara sus pensamientos en contra de la tecnología y la sociedad industrial.

Un refugio en Montana

En 1971, Ted deja la casa paterna y se instala en los bosques de Montana, donde se construye un refugio totalmente aislado, sin electricidad, agua corriente ni otros servicios básicos, aunque, de tarde en tarde, recibía pequeñas ayudas de su familia. Aquella aventura iba a durar nada menos que ¡veinticinco años! Para Ted, alejarse del mundo hacía realidad su idea central de quedar al margen de la sociedad del momento. Y así podía plantearse lo que debía hacer para colaborar en la destrucción de la sociedad industrial que tanto odiaba.

Elaboración de bombas y envío selectivo

Ted empieza su loca carrera contra la sociedad fabricando bombas dirigidas a objetivos impactantes. La primera gran bomba la coloca en 1979 en un vuelo de American Airlines; a pesar de que el mecanismo falla, pone en evidencia que se trata de un acto terrorista. Al ser un avión, el caso pasa a depender del FBI, agencia americana que, como desconoce al terrorista implicado, lo denomina «Unabomber» (*university and airline bomber*).

La investigación del FBI, muy poco eficiente, no podrá evitar dieciséis atentados con bomba a lo largo de diecinueve años, en los que Ted mató a tres personas e hirió de gravedad a once. Los receptores fueron universidades y trabajadores de estas, empresarios, dependientes de tiendas de computación, presidentes de grandes compañías, etc.

Descubrimiento de Unabomber

Durante muchos años, el FBI hizo un enorme trabajo de búsqueda y fijó una recompensa de millones de dólares para intentar detener a Unabomber, pero no tuvo éxito.

Sin embargo, es el propio Ted el que comete un error táctico que supondrá el final de su actividad terrorista. En 1995, envía a periódicos principales, como el *New York Times* y el *Washington Post,* un largo manifiesto titulado «La sociedad industrial y su futuro» usando el pseudónimo de Freedom Club (Club de la Libertad). Una de las conclusiones es: «La libertad se ve cada vez más amenazada y limitada por el desarrollo de la sociedad tecnoindustrial y por ello defiendo la necesidad de una revolución contra ella». Pero en su carta se compromete a finalizar sus ataques si el escrito se publica en su totalidad (¡30.000 palabras!). Debido al nulo éxito del FBI durante tantos años, este se publica el 19 de septiembre de 1995. Con ello, se presupone el fin de las bombas.

Este manifiesto es lo que acaba posibilitando la detención de Unabomber. Es precisamente David Kaczynski quien acude al FBI para indicar que cree que el autor del escrito es su hermano, al relacionar el texto con cartas familiares. El 3 de abril de 1996, cien agentes del FBI rodean el refugio de Ted y lo detienen. En él, hay todo tipo de documentos para fabricar bombas, aparatos para ello y escritos del propio terrorista.

Ted Kaczynski es juzgado el 4 de mayo de 1998 y condenado a cadena perpetua sin posibilidad de libertad condicional, pena que cumplió hasta su fallecimiento, en 2023. Su hermano recibió por ello la recompensa de un millón de dólares y donó gran parte a las familias de las víctimas.

La moraleja de esta historia real es relevante: es perfectamente compatible ser un matemático brillante y, a la par, padecer problemas psicológicos graves, aplicar la inteligencia tanto en la ciencia como en actos terroristas: tantos años actuando desde un refugio sin que lo descubriesen...

Excomunión por pasión desmedida por las matemáticas

El gran matemático y monje franciscano italiano Luca Pacioli (1447-1517), a quien se debe la denominación de «divina proporción» para el número de oro (1,618...), fue un profesor muy popular en la Universidad de Padua.

Sin embargo, en 1493, la orden franciscana lo amonestó por relajarse en sus funciones religiosas y dejarse llevar por una pasión desmedida por las matemáticas. Amenazado de excomunión, Pacioli perdió su plaza en Padua y tuvo que trasladarse a Asís durante dos años. Afortunadamente, el papa Julio II le permitió regresar a sus clases universitarias.

Cuando la verdad no importa: Galileo Galilei

Galileo Galilei (1564-1642) fue una gran figura científica del Renacimiento que se interesó por todas las ciencias y las artes e hizo aportaciones muy relevantes en distintos campos, pero muy especialmente en astronomía: gracias a él se comprendió mejor el funcionamiento del universo.

Yendo más allá de Copérnico, de Kepler y de Bacon, Galileo rompió con concepciones ancestrales, como la aristotélica. Sus ideas sobre el heliocentrismo o rotación del planeta Tierra alrededor del Sol cuestionaron abiertamente el geocentrismo, que suponía la Tierra en el centro del Universo. Si Galileo tenía razón, todos los textos bíblicos dejaban de tener valor científico. Como era de esperar, el conflicto con la poderosa Santa Inquisición católica estaba servido. Por ello, por haber antepuesto la verdad científica a las creencias religiosas, Galileo fue acosado, amenazado, humillado, torturado, enjuiciado y condenado al exilio. Un gran escándalo de la Iglesia católica.

Una traición y un robo: Cardano y Tartaglia

Traiciones hay muchas y robos aún más. Pero estos reprobables actos giran normalmente en torno a amoríos, dinero, poder, etc. Lo más sorprendente es que, en marzo de 1539, se consumara una traición a causa de la solución de la ecuación de tercer grado. El culpable fue Girolamo Cardano y la víctima, Niccolò Fontana *Tartaglia.*

El que resolvió la ecuación de tercer grado: Niccolò Fontana

Niccolò Fontana (1500-1557) nació en Brescia en el seno de una familia muy humilde y vivió siempre en la pobreza. Un soldado francés lo atacó brutalmente (1512) y quedó con la boca desfigurada. Sus dificultades para hablar le aportaron el sobrenombre de Tartaglia 'el tartamudo'. Se formó de manera autodidacta con libros de matemáticas y pronto empezó a ganarse la vida como profesor de Matemáticas en Padua, Brescia, Verona y Venecia.

Fue en la ciudad de los canales donde Fontana empezó a tener proyección pública, pues participaba en debates sobre problemas de matemáticas, algo que hoy causa envidia. Escribió *Nova scientia* (1537), sobre aplicaciones de las matemáticas a la artillería y la balística, así como una popular aritmética, y publicó la primera versión italiana de los *Elementos* de Euclides en 1543 y ediciones latinas de las obras de Arquímedes. Además, resolvió la ecuación de tercer grado. Sin embargo, murió pobre y olvidado en Venecia en 1557.

El traidor y ladrón: Girolamo Cardano

De Girolamo Cardano (1501-1576) ya hemos comentado aspectos de su vida en el capítulo 2. Veamos ahora cuál fue su traición a Fontana. Parece que el primer matemático que resolvió ecuaciones cúbicas con métodos algebraicos fue Del Ferro, el cual justo en el momento de morir lo contó a su discípulo Fior. Así, Fior supo cómo se resolvían las ecuaciones del tipo $x^3 + ax = b$, pero no de otro tipo.

Como entonces eran populares los retos públicos sobre resolución de problemas, y Fior decía saber resolver las ecuaciones cúbicas y Tartaglia había hallado cómo resolver las del tipo $x^3 + ax^2 = b$, se montó una sesión donde Fior y Tartaglia propusieron cada uno treinta problemas. Y ganó Tartaglia por goleada, lo que incrementó su fama. Motivado por esto, logró resolver totalmente las ecuaciones de tercer grado.

Cardano había leído en la *Suma* de Pacioli lo difícil que era resolver la ecuación cúbica general, pero, al enterarse de los éxitos de Tartaglia, intentó hallar por su cuenta la solución al problema, cosa que no logró. Un año después (1539), a través de un intermediario, Cardano hizo llegar a Tartaglia la propuesta de citar su solución y su nombre en el nuevo libro que quería publicar. Este rehusó diciendo que ya la indicaría él en una obra suya. Tampoco aceptó la petición de Cardano de comunicársela en secreto.

En un nuevo intento por descubrir la fórmula, Cardano invitó a Tartaglia a viajar a Milán, donde lo recibiría en su lujosa casa y podría conocer al gobernador de Milán. Esto cambió la actitud de Tartaglia, un profesor mal pagado, al ver la posibilidad de que en Milán le ofreciesen un trabajo mejor, y allí se fue. ¡Grave error!

Una vez allí, Cardano usó sus dotes de persuasión hasta que logró convencer a Tartaglia de que le explicara su solución, prometiendo formalmente no contarla nunca a nadie, ni publicarla, ni siquiera dejarla escrita entre sus papeles en lenguaje normal (la anotaría usando un código). Y Tartaglia cayó en el doble error de facilitar a Cardano el poema en el que estaba descrita la solución y en el de no publicarla por su cuenta.

En sus dos libros siguientes, Cardano no la mencionó, pero perfeccionó la fórmula con su discípulo Ferrari y ambos lograron resolver la ecuación de cuarto grado.

En un viaje a Bolonia (1543), Cardano y Ferrari supieron por el matemático Della Nave que Del Ferro había sido el primero en resolver una cúbica y Cardano publicó los resultados de cúbicas y cuárticas en 1545 en su *Ars magna*; eso sí, citando a Tartaglia y Del Ferro. Como era previsible, Tartaglia se sintió traicionado y explicó su versión de los hechos en su libro *Nuevos problemas e invenciones*. Siguieron cartas llenas de insultos. Cardano no quiso mantener un debate público, pero Ferrari retó a Tartaglia en Milán, donde el debate se inició, aunque Tartaglia se retiró y vivió infeliz y pobre el resto de su vida.

La historia ha hecho que la fórmula de la solución de la ecuación cúbica lleve hoy el doble nombre de Cardano-Tartaglia. Sin comentarios.

La maldad de Newton para con Leibniz

Un tema que ha llegado a nuestros días es el de reclamar la prioridad de haber descubierto algo o resuelto un problema. Resulta angustioso cuando, en un mismo periodo de tiempo y trabajando sobre lo mismo, dos autores llegan a resultados similares. El criterio de la prioridad, supuestamente claro, se ha resuelto gracias a la fecha de publicación de los resultados. Pero esto no es satisfactorio. ¿Cuenta la fecha de publicación final o la fecha en que el trabajo se acepta? ¿Qué ocurre si un resumen de avance ya se ha publicado? ¿Y si el resultado se ha presentado en un congreso?...

De todos los escándalos de prioridades, quizás el más famoso sea el del invento del cálculo infinitesimal, que se disputaron Newton y Leibniz. Newton tenía resultados desde 1665 y los había contado a algunos colegas, pero no los publicó hasta 1687. En los años 1672 y 1673, Leibniz supo de resultados newtonianos, y de ahí nació el escándalo: Leibniz plagió a Newton.

La verdad del asunto es que ambos genios trabajaron siempre independientemente y, lo que es más importante, con enfoques, aplicaciones, motivaciones y notaciones muy diferentes. El escándalo cruzó el canal y afectó a las relaciones entre los matemáticos británicos y los europeos. Según un estudio de Hawking, de los dos genios la actuación más lamentable fue la de Newton:

> Aunque sabemos ahora que Newton descubrió el cálculo años antes que Leibniz, publicó su trabajo mucho después. Sobrevino un gran escándalo sobre quién había sido el primero, con científicos que defendían vigorosamente a cada uno de sus contendientes. Hay que señalar, no obstante, que la mayoría de los artículos que aparecieron en defensa de Newton estaban escritos originalmente por su propia mano, ¡y publicados bajo el nombre de amigos! Cuando el escándalo creció, Leibniz cometió el error de recurrir a la Royal Society para resolver la disputa. Newton, como presidente, nombró un comité «imparcial» para que investigase, ¡casualmente compuesto en su totalidad por amigos suyos! Pero eso no fue todo: Newton escribió entonces él mismo los informes del comité e hizo que la Royal Society los publicara, acusando oficialmente a Leibniz de pla-

gio. No satisfecho todavía, escribió además un análisis anónimo del informe en la propia revista de la Royal Society.

El marqués de L'Hôpital compra un teorema

Vender teoremas no ha sido nunca un gran negocio, en parte por el limitado mercado de compradores. Pero existe un caso histórico que bien merece mencionarse.

El nombre del marqués de L'Hôpital permanece aún hoy unido a la llamada «regla de L'Hôpital» (para calcular límites de cocientes de funciones que en principio son indeterminados y que pueden conocerse calculando el límite en el cociente de las derivadas). Hay razones abundantes para sostener que dicha regla la halló el prestigioso Johann Bernoulli, pero la publicó el marqués en su libro de 1696 titulado *l'Analyse des infiniment petits pour l'intelligence des lignes courbes.* Todo parece indicar que el marqués no solo tomó lecciones de Johann Bernoulli, sino que pagaba a este trescientos francos anuales para que lo mantuviese informado de los avances en el mundo del cálculo y para resolver problemas que su noble mente no sabía ni cómo atacar.

Lo que resulta bastante grotesco en la actualidad es que todos los textos de cálculo sigan atribuyendo esta regla a L'Hôpital y no se atrevan a hablar de la «regla de L'Hôpital-Bernoulli» o, más atrevidamente, de la «regla de Johann Bernoulli». Quizás haya influido la obsesión por las publicaciones: el marqués la publicó en su libro, pero Johann Bernoulli nunca se preocupó de dar a conocer el resultado, que debió de considerar como un ejercicio menor.

El caso Sokal

El famoso y ya mítico escándalo Sokal, de 1996, debe su nombre al matemático Alan Sokal, quien con toda la mala fe posible logró publicar un artículo absurdo en la revista *Social Text* y luego explicó públicamente el engaño.

Sorprendido de que muchas publicaciones de ciencias sociales hiciesen un uso abusivo (y a menudo sin sentido) de expresiones científicas, Sokal decidió engañar a los editores presentando un artículo titulado «Transgredir las fronteras: hacia una hermenéutica transformativa de la gravedad cuántica», en el cual se exponían con aparente rigurosidad y hábil uso del lenguaje toda una serie de tonterías (por ejemplo, se decía que «la teoría de las catástrofes y la teoría del caos pueden conducir a la liberación social y económica»).

La farsa fue tan bien diseñada que el artículo coló y lo publicaron. Y, como el mismo autor explicó su aventura en otra revista (*Lingua Franca*), el escándalo estaba servido, para deleite de intelectuales serios y para disgusto de editores. Monas vestidas de seda...

El Nobel de Literatura para Echegaray

Don José Echegaray y Eizaguirre (1832-1916) fue un sorprendente y polifacético personaje: político, ingeniero, dramaturgo y matemático. Sus actuaciones como ministro fueron brillantes; sus poemas y obras de teatro, enormemente populares, y, de acuerdo con Julio Rey Pastor, se lo debe considerar el mejor matemático español del siglo XIX. Sus obras fueron decisivas a la hora de modernizar la matemática española de la época. Sin embargo, en 1904 Echegaray recibe el Premio Nobel de Literatura, algo que como mínimo era discutible.

El Premio Nobel de Matemáticas no existe (como tampoco existen premios para otras muchas disciplinas), pero a diversos matemáticos se los ha premiado en otras categorías, por ejemplo, con el Nobel de Economía. El caso de Echegaray quizás fuese el más espectacular, al ser premiado con el de Literatura.

Conocí esta historia en un congreso que organizamos en Barcelona en 1976. El primer día, durante la tradicional llegada masiva de participantes, apareció una supuesta congresista egipcia exigiendo con vehemencia hablar con la organización. Expuso que tenía una comunicación aceptada, pero que le habían robado al llegar a la ciudad, por lo que no disponía de documentación ni dinero, ni tenía reserva en hotel. Por ello, consideraba que era obligación de la organización alojarla y ayudarla.

Ante tal requerimiento, manifestado con gran teatralidad, los organizadores le asignaron una habitación donde estaban alojados los invitados. Sin embargo, el día que acabó el congreso, la profesora desapareció dejando una cuenta escandalosa, especialmente en servicio de habitaciones y botellas de champán francés. La bella egipcia había utilizado su habitación para mantener citas amorosas con numerosos congresistas, que la ayudaron económicamente.

El congreso se celebró años después en Las Palmas de Gran Canaria. Y, de nuevo, la supuesta profesora egipcia intentó su hazaña. No le salió bien, pero sí que supimos que la pesca de congresistas siguió.

En el Congreso Internacional de Matemáticos (ICM, por sus siglas en inglés) de Helsinki, en el cual participé, vi con gran asombro que la egipcia aparecía de nuevo en la recepción de participantes explicando su historia habitual: tenía una comunicación aceptada, le habían robado al llegar a Helsinki, no disponía de documentación ni dinero, ni tenía reserva en hotel. Por ello, consideraba que era obligación de la organización alojarla y ayudarla. Todo esto se lo expuso al venerable secretario general de la Unión Internacional Matemática (IMU, por sus siglas en inglés), el profesor Olli Lehto. La mala suerte quiso que, en el momento de explicar al asombrado Lehto su historia, yo estuviera detrás, así que lo aparté un momento y lo previne. No obstante, me consta que, durante el congreso, sin ayuda de los organizadores, la pesca de congresistas incautos continuó.

Nunca habría supuesto que existiera una prostitución especializada en congresos matemáticos, pero observé el mismo caso en al menos tres ocasiones.

Un fraude basado en las formas cónicas

Si visitas la región italiana de La Pulla, cerca de Bari, podrás ir al peculiar pueblo de Alberobello, cuyos edificios llamados «trullos» fueron declarados Patrimonio de la Humanidad por la Unesco en 1996.

Los trullos son viviendas que se empezaron a construir a partir del siglo XVI y consisten en unas paredes laterales gruesas pintadas de blanco, de forma cilíndrica, que soportan como cierre superior una cúpula en forma de cono realizada con la ancestral técnica de piedra seca.

En las construcciones con piedra seca, la clave es disponer de piedras lo más uniformes posible (talladas o no), que se encajan unas con otras sin necesidad de ningún tipo de pasta o cemento (acaso arena y tierra para rellenar pequeños huecos). En todo el planeta y a lo largo de la historia, esta fue una forma sencilla de levantar paredes, cabañas de pastores, barracas, monumentos prehistóricos, muros, murallas, pozos, hornos, etc.

Cuando una construcción de piedra seca se caía o destruía, se podía volver a levantar usando el mismo material. La originalidad de los trullos es que se procedía a la destrucción parcial de los techos cónicos cuando había inspecciones gubernamentales para aparentar haber sufrido daños irreparables y estar en la más absoluta de las miserias, sin casa. Al marchar la inspección, rápidamente se reconstruía el cono de piedras y a vivir. Un caso excepcional de destrucción-reconstrucción de techos cónicos por motivos fiscales.

Las especialidades privilegiadas

Un escándalo de los últimos cien años que se ha manifestado en muchas ocasiones es la existencia de grupos de poder de una misma especialidad matemática que han privilegiado a sus miembros para ganar aún más poder. Citemos tres ejemplos:

a. Jurados de la prestigiosa medalla Fields han hecho concesiones sesgadas en diversos campos (nunca aplicados) y nacionalidades.
b. Muchas presidencias de la Comisión Internacional de Instrucción Matemática (ICMI, por sus siglas en inglés) no se entenderían sin tener en cuenta que los nominados eran siempre del campo de análisis armónico.
c. En el acceso a las academias, la amistad es determinante: los propios académicos numerarios proponen los nombres que cubrirán las vacantes y los votan; por tanto, de forma natural sugieren a amigos de su especialidad o departamento, por lo que a veces se forman pequeños monopolios académicos.

El escándalo de lo obsoleto

Por inercia histórica, hay temas matemáticos que se enseñan con gran detalle a pesar de estar ya obsoletos. Lo escandaloso es que esto evita que se enseñen nuevos temas de más interés y actualidad.

Un caso remarcable es la persistencia exagerada de los algoritmos manuales de las cuatro reglas de sumar, restar, multiplicar y dividir, que siguen centrando una parte considerable del tiempo escolar. Hace años, el grupo canario del gran maestro de primaria Antonio Martín ya publicó un contundente «Manifiesto en contra de los algoritmos tradicionales de las cuatro operaciones aritméticas y de la raíz cuadrada», donde se afirma lo que sigue:

> En la actualidad, ninguno de estos procedimientos se hace fuera de los centros escolares, y no aportan ni desarrollan ninguna habilidad cognitiva que mejore el razonamiento lógico-matemático, siendo esto último el objetivo fundamental que debería predominar en todas las acciones que hacemos los educadores matemáticos con nuestros alumnos [...]. En definitiva, deben morir, no son útiles. Son parte del portal Historia de la Pedagogía.

Rincón recreativo

17. Latas en una caja

Se dispone de diversas latas cilíndricas de refresco de altura H y diámetro d, así como de una caja de altura H, longitud 8d y anchura 6d. ¿Sabrías colocar 48 latas en la caja?, ¿y 50?

18. Cubos en una caja

¿Cuántos cubos idénticos de 10 cm de arista se pueden colocar en una caja de 10 cm de altura y base cuadrada de 39 cm de lado?

19. Jeroglífico misterioso

X :

¿LO QUIERES ASÍ?

¿Cuál es la respuesta?

20. Un conocido enigma

Joaquín agoniza encima de un lecho de vidrios rotos. El suelo esta mojado. Blanca contempla la escena con satisfacción. ¿Qué ha pasado? (J. Bonaldi).

6

El profesorado de Matemáticas

> Quiero que todos los profesores de matemáticas sepan matemáticas. Quiero que todos los profesores de ciencias tengan experiencia en ciencias. Quiero que sepan cómo inspirar e involucrar a los jóvenes.
>
> BARACK OBAMA

Una anomalía en la historia (y también en las crónicas actuales) es que, cuando se hace referencia a los matemáticos, solo se piensa en reconocidos investigadores, olvidando que una de las grandes labores de este oficio a lo largo y ancho de la historia ha sido enseñar.

Algunos teoremas son importantes, otros no sobreviven a su descubridor, pero merecen especial reverencia los profesores buenos que han formado a millones de estudiantes o han hecho avances trascendentes en la evolución de la formación en la disciplina. Y merecen el olvido aquellos profesores malos que han sembrado el odio por las matemáticas.

Observa el siguiente cuadro:

© akg-images/Album

Ejercicio complicado
de N. Bogdánov-Belsky

El gran divulgador científico ruso Yákov Perelman (1882-1942) dejó un inmenso legado de ciencia recreativa, en el que incluyó algunas joyas de la cultura rusa. La más sorprendente es su explicación de esta pintura de 1895 del pintor Nikolay Bogdánov-Belsky (1868-1945) titulada *Ejercicio complicado.* Representa al profesor S. Rachinsky, un singular catedrático de universidad que dejó el ejercicio de su tranquila cátedra para pasar a ser un simple maestro de escuela. Un caso único.

Como se observa en la pintura, los humildes estudiantes no están reposando en el pupitre, sino de pie pensativos, intentando resolver mentalmente el ejercicio que Rachinsky les ha planteado en la pizarra, que consiste en hallar el valor de la expresión:

$$\frac{10^2 + 11^2 + 12^2 + 13^2 + 14^2}{365}$$

Al calcular mentalmente los cuadrados, se advierte que:

$$10^2 + 11^2 + 12^2 = 100 + 121 + 144 = 365,$$
$$13^2 + 14^2 = 169 + 196 = 365,$$

Luego, la fracción buscada es simplemente de valor 2.

La moraleja de esta historia no es recordar esta curiosidad numérica, sino que vale la pena hacer cada día cálculo mental, plantear una dinámica activa y de colaboración en grupo, etc.

La paciencia docente

Los profesores de Matemáticas debemos tener la paciencia imprescindible para que los alumnos tengan la oportunidad de realizar sus descubrimientos, plantear sus soluciones o resolver el tema. No debemos anticipar soluciones que conocemos perfectamente. El profesor Josep Estalella ya afirmó con contundencia que «enseñar es el arte de aguantarse». Anticipar soluciones sería como si un actor, al iniciar la representación de una obra de teatro, pasara directamente a explicar el final.

Sin embargo, también los alumnos deben tener paciencia con la actuación de sus profesores, que no siempre están acertados con el ritmo que marcan en la clase. Así pues, la paciencia debe acompañarnos en todos los aspectos de nuestra vida matemática. Nerviosos abstenerse.

Tipos de profes de mates

Hay profesores de Matemáticas en todos los niveles educativos y poseen formaciones diversas. Unos han estudiado Magisterio de forma generalista, sin especialización matemática, otros han cursado un licenciatura o grado en Ciencias o Ingeniería, y unos pocos han estudiado la carrera de Matemáticas.

A partir de secundaria, los profesores solo reciben una formación pedagógica mínima, un máster con unas prácticas muy breves. Veamos algunos tipos de este profesorado.

Profesores conservadores

Son profesores fieles a la enseñanza que ellos mismos recibieron y no asumen el riesgo de hacer cambios curriculares ni metodológicos. Con el paso de los años, quedan bastante anticuados por no adaptarse a lo nuevo.

Profesores innovadores

En contraste con los conservadores, estos profesores incorporan nuevos temas o recursos y hallan en esta evolución propia un estímulo para mejorar.

Profesores infelices

Se trata de aquellos no motivados para la docencia, pero que, por circunstancias personales, ejercen de profesores de Matemáticas, aunque preferirían impartir otras asignaturas o incluso dedicarse a otra cosa.

Profesores soberbios

Como dice un viejo refrán, «lo saben todo, pero nada más». Estos profesores abundan en la universidad y acostumbran a demostrar con todo detalle, y a diario, el teorema que dice «yo soy mejor que ustedes».

Profesores con recursos y con materiales

A Maria Antònia Canals, que fue la reina
de los materiales de primaria, y a Anton Aubanell,
por su fantástica maestría con los materiales

A pesar de que se ha popularizado la imagen del profesor de Matemáticas escribiendo en la pizarra o, como máximo, proyectando imágenes desde un ordenador, existe un número selecto de profesores que usan materiales manipulables para mostrar cosas u organizar su clase en forma de laboratorio o taller. Merecen especial reverencia, pues esta manera de enseñar, tan clara y apasionante, exige una cuidadosa planificación y paciencia para llevar siempre los materiales adecuados a clase. Mientras otros colegas se dirigen a clase con las manos en los bolsillos, ellos van cargados con pesadas y voluminosas cajas. En cursos para profesores ocurre lo mismo.

Se trata de profesores que, para sus exposiciones en clase o ante otros profesores o público general, hacen su discurso visual gracias a distintos materiales: juegos, modelos geométricos, objetos para hacer experimentos. También captan la atención y motivan haciendo intervenir al público para formar una figura o jugar, a veces usando el baile y la música.

Merece especial atención el caso de mi amigo Anton Aubanell, que en muchísimas ocasiones ha impartido charlas sobre matemáticas y pompas de jabón: unas superficies mínimas que permiten visualizar soluciones ingeniosas de problemas. La belleza de las pompas da al tema un especial valor estético.

Profesores matemagos

A Fernando Blasco, José Muñoz y Sergio Belmonte,
grandes profesores y magos

En el seno de la magia o ilusionismo, tiene ya una larga y atractiva tradición la bien llamada «matemagia», es decir, trucos mágicos basados en recursos matemáticos. Debemos a Martin Gardner populares escritos de matemagia tanto en libros como en sus famosas columnas del *Scientific American*.

La gracia de la matemagia es que sirve tanto para espectáculos de magia como para enseñar matemáticas de una forma lúdica y atractiva. Lluís Segarra y, desde hace años, Fernando Blasco (se puede consultar su web personal) han escrito interesantes libros sobre el tema. Además, Fernando Blasco y otros matemáticos aficionados a la matemagia ofrecen entretenidos espectáculos donde usan cuerdas, vasos, naipes, monedas, cubiletes, etc., dando vida así a trucos matemáticos que distraen y... ¡enseñan!

La magia es una actividad artística que asombra al público con acciones sorprendentes o misteriosas. Obviamente, el mago debe mantener el secreto de sus trucos, los cuales exigen a menudo gran entrenamiento mental e incluso unos dedos ágiles.

Las matemáticas subyacen en manipulaciones de objetos (bastones, cuerdas, levitaciones, cajas para desapariciones, círculos, tubos...), pero están especialmente presentes en juegos de mentalismo en los que se aparenta adivinar resultados basados en resoluciones de condiciones numéricas o algebraicas. Por ejemplo, si se da una calculadora a cada espectador y se le pide que multiplique el número 12.345.679 por 9 y por el número que quiera entre 1 y 9, el resultado será el número elegido repetido nueve veces. El motivo es claro: 12.345.679 × 9 = 111.111.111.

Una sesión de matemagia muy popular es la siguiente. Todos los participantes han de disponer de lápiz y papel o de una calculadora. El mago escribe un número, que no enseña, y se lo guarda en el bolsillo. Pide que cada participante elija en secreto un número de cuatro dígitos con la única restricción de que al menos dos cifras sean diferentes y que ninguna se repita tres veces. Cada uno debe mover los dígitos de su número para obtener el mayor y el menor número posible y hacer la resta. El proceso se repite tantas veces como haga falta (lo máximo son siete pasos). Y el mago ya puede enseñar su número: 6.174, que es el resultado que todos habrán obtenido, con independencia de su elección inicial. Imaginemos que se parte del 8.480. En este caso, habría dos pasos:

8.840 – 0488 = 8.352; 8.532 – 2.358 = 6.174, ¡fin! Fíjate en que, con el 6.174, resulta 7.641 – 1.467 = 6.174. Sale el mismo número.

El número de Kaprekar 6.174 siempre es el que aparece tras este proceso. Lo curioso es que, dependiendo del número inicial, se precisa un solo paso o hasta siete.

Si el juego se plantea con números de tres dígitos, el número mágico que aparece al final es siempre 495.

Profesores con recursos culturales o históricos

En los últimos años, ha ido creciendo el uso docente de elementos de la historia de la matemática para motivar su estudio. Asimismo, la etnomatemática, comenzada por Ubiratan D'Ambrosio, tiene muchos adeptos, pues se trata de aprovechar recursos culturales locales para aprender la disciplina.

Un buen ejemplo: ¿cómo se cuenta con los dedos en cada cultura? Los europeos y americanos cuentan con los dedos del 1 al 10: cada dedo indica una unidad y el resultado se expone con una mano (de 1 a 5) o con las dos (de 6 a 10). Tendemos a creer que todo el mundo lo hace así hasta que un día viajamos a Japón o a China. Y descubrimos que no nos entienden. ¡Horror! Si no se comparte lengua y falla la manera de contar con los dedos, la comunicación se vuelve muy complicada.

En Japón, se cuenta del 1 al 5 con la mano derecha, como hacemos nosotros, pero un número más grande se indica situando los dedos correspondientes de la mano izquierda sobre la mano derecha.

En China, no solo hay símbolos propios para escribir números, sino un uso peculiar de los dedos. Hasta 5, se cuenta con una mano, como nosotros, pero para 6, 7, 8, 9 y 10 la cosa cambia: se usa solo una mano, pero los dedos se colocan de modo diferente.

El papel de la pizarra

Los recursos docentes de ayuda al aprendizaje matemático han sido muchos: tablillas de barro, papiros, papel, ábacos, mesas de calcular con piedrecitas, cajones de arena donde marcar con un estilete, pizarras individuales… Y debemos llegar al siglo XIX para ver el nacimiento del instrumento que marcará muchas décadas la educación: la gran pizarra de aula. Como explica Buzbee (2014):

> Las pizarras borrables, un sustituto económico pero duradero del costoso papel y la tinta, se han utilizado durante siglos. Los estudiantes pueden practicar lectura y escritura y matemáticas en sus pizarras, en el salón de clases o en casa. Pero no fue hasta 1800 que James Pillans, director de la Old High School de Edimburgo, Escocia, queriendo ofrecer lecciones de geografía a sus alumnos que requerían mapas más grandes, conectó varias pizarras más pequeñas en un solo gran campo.

Luego, se utilizaron herramientas de madera para dibujar en pizarras: transportadores, compases con tiza en un extremo, hilos, escuadras y biseles… Ahora, las pizarras inteligentes admiten todo tipo de dispositivos conectados y *software* de dibujo.

Una anécdota estupenda es la siguiente: un catedrático universitario de Madrid tenía alergia al yeso y decidió usar grandes pedazos de papel de envolver para forrar su pizarra y así escribir en ella con rotulador. Al acabar la clase, se llevaba a su despacho el rollo de la lección explicada. A partir de aquel curso, iba al aula con el rollo ya escrito, que sujetaba a la pizarra y así ya no tenía que escribir. Algunos amigos me han sugerido que quizás la popular expresión de «soltar un rollo en clase» tenga su origen en esta historia.

Asociacionismo mundial

Un fenómeno mundial que se da en matemáticas, pero no tanto en otras disciplinas, es la existencia de un gran número de asociaciones de profesores que participan en cursos, congresos o jornadas para mejorar la educación, actualizarse y tener el estímulo de compartir con colegas experiencias renovadoras.

Hay asociaciones internacionales, como la Comisión Internacional de Instrucción Matemática (ICMI); nacionales, como el Consejo Nacional de Profesores de Matemáticas en Estados Unidos (NCTM, por sus siglas en inglés), o regionales.

En España se lograron asociaciones en todas las autonomías y, gracias a ello, se fundó la Federación Española de Sociedades de Profesores de Matemáticas (FESPM), cuya web se indica en el apartado de referencias. Junto con todas las actividades locales y revistas propias, la FESPM publica *SUMA*, organiza seminarios nacionales y, cada dos años, el gran congreso JAEM (Jornadas para el Aprendizaje y Enseñanza de las Matemáticas). Además, muchos profesores son también socios de la Real Sociedad Matemática Española (RSME), cuya web puede consultarse en el apartado de referencias.

Fobias matemáticas

Los humanos han desarrollado angustiosas fobias, es decir, miedos intensos hacia situaciones, objetos, circunstancias, etc. Las hay a libros, a gatos, a habitaciones oscuras, a espacios exteriores (agorafobia), a espacios cerrados (claustrofobia), a volar en avión (aerofobia), a los homosexuales (homofobia), a los extranjeros (xenofobia) y un largo etcétera. Con las fobias, se puede experimentar pánico, miedo, taquicardia, sudoración, pérdida de control, sensación de ahogo o falta de aire, entre otros. Una fobia puede llegar a ser grave y requerir de tratamientos psicológicos o terapéuticos (relajación, exposición controlada, etc.).

Curiosamente, son diversas las fobias matemáticas que muchas personas padecen a lo largo de su vida, entre las que son especialmente populares las siguientes:

- Aritmofobia: miedo irracional a los números, la aritmética y las matemáticas en general. Los aritmofóbicos sufren su miedo constantemente, pues en la vida hay números por todos los sitios (facturas, avisos bancarios, etc.), que les producen dolores de cabeza, hiperventilación, náuseas, sudoración, malestar estomacal, etc.
- Triscaidecafobia: fobia al número trece. Es muy habitual que los hoteles no tengan planta 13 o que los aviones no tengan fila 13. El motivo es la superstición en torno a este número, considerado en nuestra cultura como portador de mala suerte. Casos especiales son los fóbicos al martes 13 o al viernes 13.
- Tetrafobia: fobia al número 4. En los países orientales (China, Japón, Corea...), este es el número de la mala suerte, así que la tetrafobia es el equivalente oriental a la triscaidecafobia occidental.
- Octofobia: fobia al número 8.
- Hexakosioihexekontahexafobia: fobia al 666. Este número está considerado el del anticristo, así que mucha

gente ha desarrollado verdadera fobia. El caso más conocido es el de Ronald Reagan, que hizo cambiar el número de su domicilio de 666 a 668.

- Apeirofobia: miedo al infinito, a lo no contable, a pensamientos de la infinitud.

La aritmofobia es sin duda la fobia más preocupante, que en muchos casos tiene origen escolar, pero crece en etapas posteriores y durante la vida. Afecta a la realización de todo tipo de cálculos y a la resolución de problemas, lo que implica errores, pánico a los exámenes, inseguridad respecto a los cálculos y hasta un odio profundo de esta materia.

Anumerismo

Según el Instituto Nacional de Estadística (INE), una persona es analfabeta funcional cuando no puede leer y escribir frases simples sobre su vida cotidiana, es decir, no cuenta con la capacidad de lectura suficiente para situaciones habituales diarias. Este analfabetismo funcional impide leer bien un periódico y entender recibos de suministros energéticos o el contenido de un contrato. Se calcula que casi 700.000 españoles son analfabetos, entre ellos un elevado número personas mayores y un sorprendente número de jóvenes.

En 1988, el popular divulgador matemático americano John Allen Paulos introdujo en su libro *El hombre anumérico* el concepto de anumerismo: «La incapacidad de manejar cómodamente los conceptos fundamentales de número y azar». Así, la persona anumérica no entiende porcentajes, proporciones en recetas, resultados de encuestas, dosis adecuadas de medicamentos, etc. Paulos se pregunta lo siguiente:

> ¿Por qué el anumerismo está tan extendido incluso entre gente que, en otras circunstancias, pudiera considerarse edu-

cada? Las razones, siendo un poco simplistas, son educación deficiente, bloqueos psicológicos y una concepción errónea y romántica sobre la naturaleza de las matemáticas.

Un auténtico drama contra el que es prioritario luchar desde una educación matemática de calidad para toda la sociedad.

Las realidades matemáticas en clase

En este apartado, nos interesa desenmascarar con detalle aquellas referencias a realidades presentes en clases de Matemáticas que pueden confundir, sustrayendo el interés por su conocimiento.

Estas realidades matemáticas abundan en las explicaciones y forman parte prominente de los libros de texto, convirtiendo lo que debería ser una motivación para tener unas matemáticas activas en un artificio para consagrar unas matemáticas pasivas. Son situaciones en apariencia realistas (al contar con palabras y datos de uso cotidiano), pero deformadas o cambiadas para dar lugar a ejercicios matemáticos rutinarios. Se trata de una preparación *ad hoc* justificada por motivos pedagógicos. A menudo, incluyen datos o medidas equivocados, guiando perversamente a creencias falsas, que más tarde inducirán errores inadmisibles. También pueden darse situaciones sin referencias a medidas o características físicas presentando un modelo abstracto que no se corresponderá nunca con una realidad del planeta Tierra. Aquí incluyo algunas joyas de la corona:

- Ejemplo 1. Si Enrique VIII tuvo seis esposas, ¿cuántas tuvo Enrique IV?
- Ejemplo 2. Un amigo le pregunta a otro «¿Cuántos hijos tienes y de qué edad?». Este responde: «Tengo tres hijos. El producto de sus edades es 36 y su suma es el

número de esa casa». «¿Y qué más?», dice el primero. «¡Ah! Es verdad. La mayor se llama Alicia».

- Ejemplo 3. Supongamos que podemos construir un dique de la forma que queramos. ¿Cuál es la cantidad mínima de agua necesaria para hacer flotar el portaviones Forrestal, que pesa 80.000 toneladas?
- Ejemplo 4. Primero, rodeamos la Tierra con un hilo ajustado a su superficie (supuestamente lisa, claro está) y, después, añadimos 6 m más de hilo, con lo que la circunferencia formada será ahora mayor que la de la Tierra y se separará una cierta distancia de su superficie. ¿De cuánto será esta separación?
- Ejemplo 5. Tres misioneros y tres caníbales han de cruzar un río en una barca en la que solo caben dos personas. Los tres misioneros saben remar, pero solo uno de los caníbales sabe hacerlo. Por otra parte, han de efectuar el traslado de forma que en ningún momento los caníbales superen en número a los misioneros, pues en tal caso se los comerían. ¿Cuál es el número mínimo de viajes que habrán de hacer para cruzar todos al otro lado sin que los caníbales se coman a ningún misionero ni lleguen siquiera a mordisquearlos?
- Ejemplo 6. Un representante de comercio tiene a todos sus clientes en una ruta rectilínea y sus distancias a él no sobrepasan los 999,9 km. Nuestro señor Smith ha calculado que, para ir de un cliente a otro, puede utilizar los siguientes medios:

—Sus piernas (velocidad: 6 km/hora) para distancias inferiores a 1 km.

—Su viejo Ford (60 km/hora) para distancias entre 1 y 9 km.

—Su avión (600 km/hora) para distancias entre 10 y 90 km.

—Su cohete (6.000 km/hora) para distancias entre 100 y 900 km.

Tiene como principio el no volver nunca sobre sus pasos. Además, según sus cálculos, no debe pasar nunca más de nueve minutos con un mismo medio de locomoción. ¿Qué plan debe seguir el señor Smith?

- Ejemplo 7. Hay que conectar tres casas situadas en una esfera con tres servicios (electricidad, agua y gas) de manera que las cañerías no se corten. ¿Es posible en la esfera? ¿Qué ocurriría si las casas estuvieran en un planeta en forma de toro?
- Ejemplo 8. Supongamos que, en el comienzo de nuestra era, es decir, con el nacimiento de Jesucristo, la Tierra comienza a viajar —digamos en línea recta para mayor claridad— a la velocidad de la luz. Engendrará así un cilindro cuya sección recta será la del círculo máximo de la Tierra y su altura será la velocidad de la luz multiplicada por el tiempo que esté trasladándose, que consideraremos que será hasta el año 2000. Supongamos también que este cilindro es de oro macizo y queremos calcular su valor (un gramo de oro vale actualmente 370 pesetas). Por otra parte, al mismo tiempo que la Tierra comienza a desplazarse, colocamos una peseta en el banco a un interés compuesto del 10 % y la dejamos hasta el mismo año 2000. El capital que tendremos entonces en el banco, ¿nos permitirá comprar el cilindro de oro macizo?

La catástrofe en el aula: el aburrimiento

Muchos son los estudiantes que consideran que las matemáticas son aburridas y muchos son los adultos que las recuerdan como somníferas. Pero las matemáticas son estimulantes y pueden resultar muy divertidas. ¿Dónde está el problema? Son muchos los profesores que no han sabido hacer atractiva la docencia, presentar ejemplos interesantes, seducir con las explicaciones, impulsar trabajos en equipo, etc.

Los escándalos fruto de las evaluaciones suelen estar relacionados con calificaciones no merecidas. Por compromisos sociales del evaluador, por ejemplo, pueden regalarse algunos puntos, pero también puede haber profesorado sumiso que, acatando el designio de la dirección, aumente las notas de estudiantes que deben presentarse a las pruebas de acceso universitario para así hacer quedar bien al centro.

Otro tipo de escándalo que se da en matemáticas es en sentido contrario: no regalar puntos, sino aplicar criterios injustificadamente estrictos a la hora de poner notas. No es posible que en toda una clase solo un alumno supere un examen. Si fuera el caso, sería un indicador de que el examen no está bien planteado o que las enseñanzas del profesor no se transmiten como deberían.

La obsesión por los decimales (4,9; 3,95; etc.) también es escandalosa por usar tal grado de precisión en un examen sin contemplar otros aspectos más allá de los resultados numéricos. La gran duda es siempre el significado del aprobado con un 5: ¿significa saber la mitad?, ¿es haber hecho bien la mitad de lo pedido y mal el resto?

En una ocasión, un catedrático de Matemáticas de universidad puso por su cuenta un problema en un examen. Al cabo de un rato, al notar que los estudiantes estaban estancados y no sabían cómo abordar el problema propuesto, los ayudantes, que vigilaban el examen, intentaron resolverlo y descubrieron que tampoco ellos sabían hacerlo. Acudieron entonces al catedrático en busca de ayuda. Su sorpresa fue que él contestara: «Ni idea de cómo puede resolverse. Por esto lo he puesto, para ver si alguien encontraba algo». Sin comentarios.

El trío *aprender, desaprender, reaprender* ha recibido una enorme atención en relación con las nuevas tecnologías de la información y la comunicación (TIC), sobre todo con respecto a las predicciones sobre el futuro de la sociedad y el mundo del trabajo. Samuel Arbesman afirma que «el conocimiento tiene en la actualidad una "fecha de expiración" de menos de diez años», pero también se ha comprobado que el conocimiento se dobla cada año.

Los cambios tecnológicos y sociales vividos en los primeros veinticuatro años del siglo XXI y las implicaciones que han tenido en nuestra vida son extraordinarios. Gracias a ellos y a las nuevas posibilidades de campos como el *big data*, la robótica, la inteligencia artificial, la fotónica y la nanotecnología, así como a los nuevos materiales y vacunas, se anuncia un panorama que afectará a nuestro trabajo y a nuestra vida. La pandemia de covid también ha dado otra orientación a muchas situaciones. Y, por tanto, todo esto influye en la educación en general y en las matemáticas en particular.

La tercera ola, un curioso libro publicado en 1979 por Alvin Toffler (1928 -2016), muestra una visión de futuro y de pasado donde la evolución social se divide en grandes etapas u olas:

- La primera ola fue la revolución agrícola (desde el año 8000 a. C. hasta el siglo XVII). Aquí había una civilización basada en el autoabastecimiento que origina cambios de grandes consecuencias.
- La segunda ola fue la revolución industrial del siglo XIX. Aquí se separa la figura del productor de la del consumidor, con consecuencias culturales, como la uniformización, la especialización, la sincronización, la concentración, la maximización y la centralización. Surgen la burocracia y las corporaciones. La edu-

cación se desliga de la vida familiar, dando lugar a escuelas y programas uniformes.
- La tercera ola es la sociedad posindustrial o era de la información, a partir de 1950. Los sistemas cibernéticos, computacionales y de comunicación, internet, etc., funcionan como amplificadores de la fuerza mental. Aparecen familias monoparentales, unipersonales, convivencia estable entre parejas... y mucha soledad. Surgen numerosos canales de comunicación.

Una afirmación interesante de Toffler es la siguiente:

> Los analfabetos del siglo XXI no serán aquellos que no sepan leer y escribir, sino aquellos que no sepan aprender, desaprender y reaprender.
>
> Un analfabeto será aquel que no sepa dónde ir a buscar la información que requiere en un momento dado para resolver una problemática concreta. La persona formada no lo será a base de conocimientos inamovibles que posea en su mente, sino en función de sus capacidades para conocer lo que precise en cada momento.

Steve Case, uno de los grandes impulsores de internet, publicó otro libro centrando su atención en las tres olas de *La tercera ola* de Toffler. A principios de los noventa, Case fundó la empresa America Online (AOL) para brindar acceso telefónico a internet. Esa fue, para él, la primera ola de internet. La segunda ola fue la del crecimiento de las redes sociales, que abarca hasta el 2016. A partir de ahora, según el autor, viene la tercera ola, que es la de internet de las cosas.

El filósofo y pedagogo José Antonio Marina, que ha realizado una notable labor en favor de un cambio radical de la educación en general, afirma lo que sigue:

- El mundo entero está en estado de emergencia educativa.

- Hemos entrado en la era del aprendizaje, y todos vamos a tener que aprender continuamente a lo largo de toda la vida.
- El 60 % de los puestos de trabajo actuales serán ocupados por máquinas.
- El gran reto educativo es generar talento, que es el buen uso de la inteligencia y el conocimiento.

Matemáticas obsoletas que aún se enseñan

Para nosotros, desaprender no es una actividad escolar, sino *desactivar* conocimientos para dar prioridad a otros nuevos. En el caso de las matemáticas, nos basaremos en la siguiente definición: las cosas obsoletas en educación matemática son aquellas cosas anticuadas, ya sean métodos, algoritmos, conceptos, problemas, historias, personajes y metodologías.

Nótese que las cosas obsoletas siguen estando presentes. De lo contrario, ya ni hablaríamos de ellas; habrían desaparecido del mapa y de las clases, nadie las enseñaría ni aprendería. Desgraciadamente, están obsoletas pero vivas. Y hay dos categorías:

1. Cosas obsoletas de las que todavía algunos profesores, programas o libros hablan. Existe la esperanza de que tal vez están en proceso de extinción y, dentro de poco, con un nuevo cambio curricular, un nuevo proyecto editorial o unas jubilaciones adecuadas, desaparecerán del todo.
2. Cosas obsoletas que aún hace todo el mundo o están presentes en todo. En esta categoría, están las cosas obsoletas pero que mucha gente cree que no lo son o no se atreve a dejarlas de lado por convencimiento personal o presiones familiares, directivas o institucionales.

Hay que remarcar que considerar algo obsoleto depende de factores culturales. Una determinada tradición de un lugar puede mantener vivo algo que en otros lugares ya ha desaparecido.

El abandono de lo anticuado no solo es una actitud educativamente sabia, sino que es una necesidad para actualizar la educación y para dar paso a lo nuevo.

He aquí ejemplos de matemáticas obsoletas que siguen vigentes en la práctica:

- Operaciones rutinarias extraordinariamente repetidas (páginas de restos) o con grandes cifras (dividir por escrito para 4, 5 o más cifras).
- Raíces cuadradas manuales.
- Cálculo con fracciones poco corrientes, como las torres de fracciones.
- Tablas de logaritmos.
- Cálculos relativos a partes de la esfera (casquetes esféricos, zonas segmentos, estereorradián).
- Fórmulas de los volúmenes de figuras truncadas.
- Axiomática geométrica según el modelo de Euclides.
- Medidas inusuales (decámetros, kilolitros, decagramos).
- Funciones sofisticadas al servicio del cálculo infinitesimal teórico (derivación, integración).
- Cálculos estadísticos a mano utilizando pocos datos adaptados al ejercicio.
- Realidades falseadas, inusuales, caducadas, manipuladas o no adecuadas.

Reaprender matemáticas

Como hemos dicho en otras ocasiones, se trata de ser positivos e indicar qué se podría hacer de más, siempre que se deje de hacer lo que ya no sirve.

Aprender menos...	Reaprender con...
Explicaciones magistrales	Trabajos en grupo
Individualmente	Actividades cooperativas
Temas sin contexto	Aplicaciones
Temas aislados	Conexiones temáticas
Axiomas y postulados	Modelización
Mediante memorización	Comprensión
Información excesiva	Trabajo interdisciplinario
Algoritmos rutinarios	Descubrimientos
Evaluación rutinaria	Evaluación formativa
Simbolismo abstracto	Razonamiento
Actividades cerradas	Actividades abiertas
Trabajo abstracto	**Comprensión**

También podemos pensar en una práctica más intensiva de centros de interés motivadores y ligados a temas actuales.

Manifiesto por una educación matemática realista y actual

En la inauguración del VIII Congreso Iberoamericano de Educación Matemática (CIBEM), tuve ocasión de presentar el «Manifiesto por una educación matemática realista y actual», que citaré aquí de forma concisa:

1. El uso social de los recursos matemáticos delimita las cosas obsoletas que deben dejar de enseñarse.
2. No hay que confundir el interés formativo de los conceptos con los procesos rutinarios suprimibles asociados a ellos.
3. Todo el tiempo lectivo recuperado al desplazar apartados obsoletos permitirá desarrollar nuevos conceptos y aplicaciones de interés actual.

4. Es preciso interesar y motivar a los alumnos a partir de nuevas acciones de aprendizaje, de problemas actuales del mundo global.
5. Los nuevos currículos competenciales en matemáticas deberían actualizarse constantemente. Los currículos estáticos son ya historia.
6. Resolver problemas, modelizar y aplicar son actividades básicas para aprender matemáticas, pero han de enlazar con temas y problemas actuales.
7. El buen uso de las TIC ha de ser esencial en el proceso educativo, pues aporta un valor añadido fundamental.
8. Debemos preparar a los alumnos para adaptarse a los cambios acelerados de la sociedad actual y ser competentes en la era de la revolución del conocimiento.
9. Resulta imprescindible una formación inicial y permanente del profesorado de Matemáticas para asegurar su actualización.
10. La brújula de la educación matemática debe indicar el camino y acompañar hacia el futuro previsible.

Otra política educativa es posible

Muy a menudo, la política educativa cae en el inmenso error de confiar más en los papeles para el cambio que en el liderazgo directo de esos cambios. Leyes, pactos y decretos pretenden reorientar el sistema, sin darse cuenta de que no siempre se consiguen los efectos deseables.

Veamos tres ejemplos que afectan a la educación matemática actual.

Los nuevos grados en Matemáticas

Las ideas y los objetivos del espíritu de Bolonia, el Espacio Europeo de Educación Superior (EEES), de 1999, se aplican en España desde 2010, pero tienen mucho de reforma interna y muy poco de espíritu europeo.

En este contexto, las facultades de Matemáticas han cometido el inmenso error de perder la oportunidad de formar profesionales y educadores de matemática y han reformulado los grados con los objetivos tradicionales de impartir contenidos; es decir, se sigue formando en matemáticas sin preparar para la profesionalización.

De nuevo, una ocasión perdida donde la formación inicial de profesores se deja al margen como especialidad y donde los planteamientos más conservadores y gremiales de las diferentes cátedras han acabado configurando unos grados que responden a intereses corporativos.

El máster para la formación de profesores de Matemáticas de secundaria

Con auténtica improvisación y sobre la marcha, las universidades han comenzado a impartir un máster específico para profesores de Matemáticas de secundaria, que creo que en el futuro se desarrollará correctamente y surtirá buen efecto. Superarlo no debe de ser una misión difícil. Sobre el papel, es razonable por su mezcla de prácticas, de elementos psicopedagógicos y de didáctica matemática específica.

Sin embargo, resulta surrealista que muchas universidades hayan caído en el error de no incorporar profesores de secundaria reconocidos para impartir las clases, que primen intereses gremiales universitarios sobre los planteamientos deseables, que la selección de alumnos sea simplemente administrativa, etc. Las autoridades tampoco han contribuido a que el *practicum* se confíe a los mejores tutores de instituto, esté bien remunerado y reconocido y sea un interesante puente de contacto entre la secundaria y la universidad. Esperemos que el realismo y la mejora guíen futuras ediciones.

La formación permanente

Un caso ya crónico es reducir la formación permanente a cursillos. Es surrealista creer que se lograrán cambios en profundidad con intervenciones puntuales. Los temas educativos de formación a lo largo de la vida serán cruciales en las décadas venideras. Y, en el caso del profesorado, el tema exige programas más ambiciosos, permanentes y no efímeros, con objetivos de centros y grupos, y no solo individuales.

Rincón recreativo

21. Un puzle de Loyd reconsiderado por Dudeney

© Sam Loyd

The Smart Alec Puzzle

Este popular puzle de Sam Loyd propone cortar la figura del pentágono convexo en cuatro trozos para formar con ellos un cuadrado. El problema sigue hoy abierto, pues la solución de Loyd resultó ser falsa. Sin embargo, Dudeney halló una solución relativamente sencilla cortando la pieza en cinco partes. ¿Sabrías hacerlo?

22. El cinturón

Con tijeras, regla y lápiz, toma una hoja de papel y recorta un cinturón tan grande como quieras.

23. Un millón de cubitos

Con un instrumento para cortar, se desea dividir un cubo en un millón de cubitos idénticos. Se permite hacer superposiciones y recolocaciones de las piezas durante el proceso. ¿Cuántos cortes serán precisos?

24. El puzle de la silla de manos

En este puzle de Sam Loyd, se propone recortar la silla en el número mínimo de piezas para formar un cuadrado.

© Sam Loyd

The Sedan Chair Puzzle

25. ¿Qué ángulo forman las dos diagonales de este cubo?

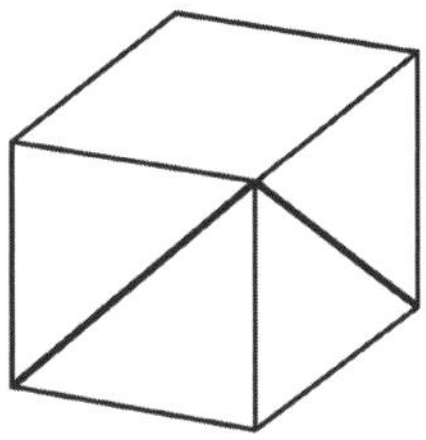

© cortesía del autor

El ángulo misterioso

7

Recuerdos matemáticos personales

> Creo que sin recuerdos no hay vida, y que nuestros recuerdos deben ser de momentos felices.
>
> LEE RADZIWILL

Este último capítulo tiene un foco muy personal. Me he permitido sacar, del baúl de mis recuerdos, a matemáticos que he conocido. Doy unas muy breves referencias a su labor y a nuestros encuentros, resaltando alguna anécdota curiosa. Si lees alguna de estas historias, enseguida te darás cuenta de que las personas de las que hablo ya han fallecido o pertenecen a mi generación; no puedo incluir mucha gente joven, pues no he tenido ocasión de interaccionar con ella. La edad no perdona.

JÁNOS ACZÉL

János Aczél (1924-2020) fue un brillante matemático húngaro emigrado a Canadá. Lo conocí en 1977 estando yo en Amherst cuando vino a dar una charla... impresionante.

Fue el padre de la teoría de ecuaciones funcionales, sistematizó las técnicas de resolución, escribió la biblia del tema y era el motor de la teoría con un claro liderazgo mundial.

La familia de seguidores era de un centenar, con grupos grandes en Hungría y Polonia, y naturalmente en Waterloo (Canadá), donde se rodeó de un buen equipo.

Me sedujo por su genialidad resolutiva de ecuaciones, por su generosa actitud, por su apacible personalidad y su sentido del humor (junto con ecuaciones, coleccionaba chistes). Algo curioso es que yo fui a Amherst para trabajar con Bert Schweizer, que a su vez había ido hasta allí desde Arizona para trabajar con Aczél; sin embargo, en el último momento, Aczél no pudo instalarse allí por ser exiliado político y fue a parar a Waterloo (Canadá). Al margen de congresos, hice una estadía en la Universidad de Waterloo para trabajar con él y él vino en varias ocasiones a Barcelona. Juntos escribimos varios artículos, por lo que, si alguien ve en muchos libros de lógica borrosa referencias a «la familia Aczél-Alsina», debe entender que no se trata de ninguna boda, sino de una colección de funciones que descubrimos como soluciones a unos problemas que han demostrado tener interés en distintos campos.

Una curiosa teoría de Aczél era lo que había que hacer para conseguir que los conferenciantes en congresos cumplieran con el horario asignado: él soñaba con que una plataforma por debajo del conferenciante se llevara a este en el momento final asignado y lo situara en un espacio inferior para que, delante de una audiencia filmada, terminara su intervención dejando que los de la sala de arriba siguiesen el programa.

Pero quizás la anécdota que él prefería contar era la de su fuga de Hungría a través de Austria. En sus papeles, no había fotografías y al preguntarle «¿Cómo sabemos que usted es János Aczél?», logró identificarse en la frontera yendo a una biblioteca y cogiendo la primera edición de su libro sobre ecuaciones funcionales, pues en la solapa había una fotografía suya. Él decía: «Las ecuaciones funcionales pueden servir incluso para identificarse y pasar fronteras».

Anton Aubanell Pou

Mi gran amigo Anton Aubanell Pou es un eminente profesor de Matemáticas que ejerció en el IES Sa Palomera (Blanes), creó el IES Coll Rodés (Lloret de Mar), formó en didáctica a muchos estudiantes de la Facultad de Matemáticas e Informática de la Universidad de Barcelona (UB) y desempeñó un papel clave en la creación del Cesire-Creamat, un singular centro de recursos pedagógicos del Departamento de Enseñanza de Cataluña.

Asimismo, Anton ha desarrollado grandes proyectos educativos, como el de Aplicación de Recursos al Currículum (ARC), que ofrece recursos para la enseñanza de cada elemento curricular, ha colaborado activamente en el Museo de Matemáticas de Cataluña (MMACA), lidera el grupo de didáctica de las matemáticas Cúbic y su gran pasión es el uso de recursos y materiales en la enseñanza.

Anton es uno de los divulgadores y conferenciantes más activos en toda España, sobre temas tales como la historia del calendario, el origen del sistema métrico decimal y del sistema internacional de unidades o la geometría de las pompas de jabón; esta última es ya una famosa y acreditada conferencia.

Sus exposiciones son apasionadas y en ellas muestra experiencias prácticas e interactúa con los asistentes. Como él mismo afirmó:

> Realmente yo he sido y sigo siendo muy feliz haciendo y enseñando matemáticas. He vivido apasionadamente mi profesión, he construido, deconstruido y reconstruido modos de ser y de hacer como profesor y espero que, a través de las matemáticas, haya podido contribuir al crecimiento personal y académico de mis alumnos ya que estoy convencido de que el mayor patrimonio que puede acumular un profesor es lo que ha dado a sus alumnos.

Una anécdota que demuestra su extrema pasión por comunicar fue cuando, en una charla con estudiantes de secundaria, hablando sobre una tarima de más de un metro de altura mientras se movía por ella, con una pantalla de proyección al fondo, ¡de pronto desapareció de la escena! No había apreciado que entre la tarima y la pantalla había un notable hueco, por el que cayó. Fue un buen susto.

En su última clase por jubilación en la UB, acabó su lección con una carta dirigida a aquellos que empiezan en el oficio de enseñar matemáticas, de la que destaco algunos párrafos:

> ¡Estás empezando una profesión en la que puedes ser muy feliz! Enseñar matemáticas puede ser una de las aventuras más apasionantes de tu vida. Tendrás el privilegio de transmitir a otras personas algunos de los conocimientos más formidables que ha creado el ser humano, les ayudarás a que descubran su belleza interna, el encanto de sus retos y su utilidad para analizar, interpretar y prever el mundo que nos rodea. [...]
>
> Trata de que la sucesión de clases no sea monótona. Particulariza la clase. Cada día puede ser especial: una efemérides, una idea nueva que hoy trataremos, un problema muy interesante, un material sorprendente, una dinámica de trabajo diferente. Intenta introducir cambios en tus clases, no reproduzcas automáticamente la forma en que te enseñaron, experimenta posibles mejoras, no te conformes a hacer, curso tras curso, todas las cosas de la misma manera, introduce nuevos recursos sin prisa pero sin pausa..., ¡tus alumnos te lo agradecerán y tú te mantendrás profesionalmente joven! [...]
>
> Procura proyectar una visión aplicada y funcional de las matemáticas al tiempo que ayudas a descubrir su belleza intrínseca, su estructura, su metodología, el pensamiento matemático. Utiliza varios tipos de recursos y presenta o haz descubrir las ideas matemáticas de diferentes modos. Así llegarás a los distintos estilos de aprendizaje.

Piensa que, en gran medida, hacer matemáticas es resolver problemas, pero no quieras hacer muchos problemas, a veces es más un tema de calidad que de cantidad. [...]

Evita que cualquier alumno/a se sienta excluido/a de las matemáticas. Demuéstrale que tienes confianza en sus posibilidades, celebra efusivamente sus logros matemáticos y reconoce su esfuerzo, aunque no acabe de dar fruto. No pierdas ninguna oportunidad de felicitar en voz alta y, cuando sea necesario, avisa o recrimina en voz baja.

En el canal de YouTube de la FESPM, le hacen una entrevista que puede verse en el apartado de referencias y, al introducir en Google <vídeos Anton Aubanell>, aparecen otras charlas de las que podrás disfrutar.

Recientemente, Anton, Carme Burgués y yo hemos publicado dos libros sobre lo que consideramos nuestro legado didáctico (véase la bibliografía).

Luis Balbuena

Luis Balbuena Castellano es un reconocido profesor canario de Matemáticas. Fue el primer consejero de Educación del Gobierno de Canarias y, en 1977, junto con Manuel Linares, Antonio Martinón y Ángel Isidoro, impulsó la Sociedad Canaria Isaac Newton, que presidió.

En su largo periplo profesional, Balbuena ha sido maestro nacional y catedrático de Matemáticas en los institutos Diego de Guzmán, en Huelva, Antonio González, en Tejina, y Viera y Clavijo, en La Laguna (Tenerife). En reconocimiento a su extensa labor, ha recibido premios y altas distinciones de Canarias y del Estado, además de ser miembro de la Real Academia Canaria de Ciencias. Recibió el Premio Gonzalo Sánchez Vázquez a la labor docente y los valores humanos, concedido por FESPM en 2009.

Conocí a Balbuena en los años ochenta y he constatado

su gran trabajo en Canarias, en la FESPM y en diversos lugares de Iberoamérica. Su capacidad de trabajo es encomiable, así como sus propuestas innovadoras en proyectos para la mejora de la educación matemática. También ha hecho una extensa labor de divulgación social de las matemáticas con programas en diversos medios, cuentos, análisis matemático del *Quijote*, estudio de las banderas, etc.

Algunos detalles de su biografía se pueden consultar en su web personal o en el canal de YouTube de la FESPM, que encontrarás en el apartado de referencias.

Para mí, ha sido un placer colaborar en muchas actividades con Luis Balbuena y solo recuerdo un día triste: el que me llamó por teléfono para comunicarme la muerte de nuestro amigo común Miguel de Guzmán y compartimos lágrimas por su pérdida.

Una anécdota curiosa: cuando se fundó la Sociedad Canaria, los profesores de Matemáticas eligieron el nombre de Isaac Newton, relevante en el mundo anglosajón, pero muy poco ligado a Canarias. Sin embargo, con el paso de los años, se vio que ya se le podía poner un nombre más patriótico y ahora la sociedad lleva el nombre de Luis Balbuena Castellano.

Edwin Beckenbach

Edwin F. Beckenbach (1906-1982) fue un ilustre matemático americano que, a partir de 1960, destacó por su dedicación a la teoría general de desigualdades, campo sobre el que organizó en Oberwolfach (Alemania) varios seminarios, a los que tuvo la amabilidad de invitarme. Fruto de este conocimiento, en una visita particular que hizo a Barcelona con su señora, Alice Judson Curtiss, los invité a comer al restaurante Set Portes.

En la mesa de al lado, se sentaron Antoni Gutiérrez, líder entonces de los comunistas del Partido Socialista Unificado de Cataluña (PSUC), y una periodista. Dije a los Beckenbach quién teníamos al lado y, en el momento de marchar, Edwin se fue directo a darle la mano a Gutiérrez, que no sabía que estaba saludando al líder de la teoría matemática de desigualdades. Al preguntar a Beckenbach el motivo del espontáneo saludo, me dijo: «¡Nunca le había dado la mano a un comunista!».

Werner Blum

A pesar de haber sido un catedrático de Matemáticas en la Universidad de Kassel y formar parte de importantes organismos y comisiones alemanas para los cambios curriculares educativos, sorprende que Werner Blum no coincida con el estereotipo de profesor alemán que todos tenemos en la cabeza.

Blum es aficionado al fútbol, a bailar *rock-and-roll*, coleccionista de aguardientes (grapas) y refinado examinador de vinos de reserva, así como un hombre muy ordenado y reflexivo a la vez que muy abierto a cambios. Su influencia ha sido, afortunadamente, muy positiva en nuevos currículos escolares en Alemania y en las pruebas del Programa para la Evaluación Internacional de los Estudiantes (PISA, por sus siglas en inglés), de la Organización para la Cooperación y el Desarrollo Económico (OCDE). Colecciona estancias en restaurantes con estrellas Michelin, donde acude con libros que incluyen valiosas informaciones sobre las mejores añadas de los vinos.

En una ocasión, dictamos sendas conferencias plenarias en un congreso de Lisboa. Yo iba primero y él, al empezar su charla, dijo públicamente: «Hay una cosa peor que coincidir con una conferencia del profesor Alsina: darla después de él».

Eduard Bonet

Eduard Bonet ha sido un matemático singular con especial vocación por la docencia en apartados diversos. Su especialidad fue siempre la estadística y publicó los primeros libros en catalán sobre este campo, pero la sorpresa fue que lo hizo en colaboración con el afamado poeta Gabriel Ferrater, amigo suyo. Enseñó Matemáticas en la Escuela de Arquitectura de Barcelona y Matemáticas Aplicadas a Finanzas en Esade.

Carme Burgués

Este apartado me exige gran precisión, pues Carme Burgués Flamarich es mi esposa desde hace cuarenta años. Carme estudió Magisterio en la época que esta carrera se hacía entre los catorce y los diecisiete años. Trabajó trece años de maestra a la vez que estudiaba bachillerato y la licenciatura en Matemáticas en la UB. Luego, se dedicó durante treinta y tres años a la formación de maestros, ya fuese en la Escuela de Magisterio de la UB o en cursos de formación permanente. Además, colaboró en los diseños curriculares de primaria y secundaria.

Nos conocimos en la Asociación Rosa Sensat, donde formábamos parte del grupo Periódica Pura, junto con David Barba, Joaquim Giménez, Isabel Batlle y Josep Partegàs.

A lo largo de nuestra vida profesional, hemos escrito libros, impartido talleres, asistido a muchos congresos en España y Estados Unidos y a cursos en Argentina, etc. Cabe destacar las conferencias que hemos pronunciado juntos, algo bien inusual. Se nos puede ver, por ejemplo, en el canal de YouTube de 17 JAEM, indicado en el apartado de referencias. También compartimos el Premio Gonzalo Sánchez Vázquez. Y hemos escrito dos libros juntos, en colaboración con Anton Aubanell, citados en la bibliografía.

Una anécdota digna de mención fue cuando ambos recibimos por separado unas invitaciones para ofrecer conferencias en México D. F. Aceptamos gustosamente y fue una sorpresa para los organizadores que, en el momento de hacer las reservas de hotel, indicáramos que compartiríamos habitación: solo ahí se dieron cuenta de que éramos un matrimonio.

Una interesante entrevista que le hizo Iolanda Guevara a Carme para la FESPM puede verse en YouTube, así como otro vídeo en el canal de la Sociedad Madrileña Castelnuovo, ambos indicados en el apartado de referencias.

Maria Antònia Canals

Maria Antònia Canals Tolosa (1930-2022) ha sido una maestra y matemática catalana con una gran proyección en la renovación de la enseñanza de las matemáticas de infantil y primaria.

Canals cursó Magisterio (1950) y Matemáticas (1953) en la UB y trabajó en numerosos centros, donde dejó una gran huella: Virtelia, Liceo Francés, Talitha y Ton y Guida, que ella fundó. También impartió formación a maestros en las escuelas de Magisterio de la Universidad Autónoma de Barcelona (UAB) y en las de Vic y Girona, así como en numerosas escuelas de verano y encuentros en todo el Estado. Fue cofundadora de la Asociación de Maestros Rosa Sensat y creó los grupos Almosta y Perímetre. Con el equipo de matemáticas del Instituto de Ciencias de la Educación (ICE) fundó la Asociación de Enseñantes de Matemáticas de Girona (ADEMGI), que presidió hasta 1996. También fue presidenta de la Federación de Entidades para la Enseñanza de las Matemáticas en Cataluña. Y ha sido una religiosa con fuerte implicación en su orden.

Ya jubilada, puso en marcha el Gabinete de Materiales y de Investigación para la Matemática en la Escuela (Gamar), que fundó en 2002 en la Universidad de Girona (UdG), un espacio de reflexión, experimentación y divulgación. En 2014, impulsó la creación del Centro de Actividades y de Ámbito de Reflexión para la Educación Matemática (CAÁREM) en la Asociación Rosa Sensat.

Recibió las máximas distinciones en su ámbito: medalla al Mérito en el Trabajo (1986), Premio Mestres 68 (1994), Insignia de Oro de la Universidad de Vic, Cruz de San Jorge (2006), Premio Gonzalo Sánchez Vázquez (2007), medalla de honor de la Ciudad de Barcelona (2009), medalla de honor Red Vives de Universidades (2012).

En julio de 2021, la UdG aprobó la creación de la Cátedra de Didáctica de las Matemáticas Maria Antònia Canals y la Biblioteca de la universidad custodia un fondo con su nombre.

Maria Antònia Canals, a la que sus amigos denominamos «la Reina de los Materiales», diseñó nuevos materiales manipulables, como las regletas numéricas, ampliando los enfoques del método Montessori, curiosamente introducido en Cataluña por sus tías Dolors y Francesca Canals Ferrer. Hemos coincidido en muchos lugares y jornadas, y estar con ella siempre ha sido una oportunidad para revisar críticamente la enseñanza.

Resulta llamativo que tal defensa de la escuela pública y de la innovación docente viniese de la mano de una religiosa.

Miquel Capó

Miquel Capó Dolz es un joven profesor de Matemáticas, actualmente en el IES Biel Martí, en Ciutadella de Menorca. Cursó su licenciatura en Matemáticas y un máster en Cualificación Pedagógica en la Universidad Politécnica de Cataluña (UPC) en 1997-2002, y allí lo tuve de alumno. En especial, recuerdo que, en la asignatura de Didáctica de las Matemáticas, que yo impartía, Capó era el mejor alumno de todos los que tuve en aquella época. Un diez rotundo.

Lo que me ha sorprendido de Capó en los últimos años, entre 2002 y 2022, es la enorme cantidad de libros recreativos que ha publicado (en una web se citan 79 obras). Escribe con mucha gracia y habilidad sobre problemas de matemática recreativa en diversos ámbitos (lógica, aritmética, geometría, etc.), para diferentes niveles (infantil, primaria, secundaria, universidad o público general) y con varios grados de dificultad.

Joan Casulleras

Joan Casulleras Regàs (1920-1996) nació en Barcelona y enseguida mostró sus virtudes de buen estudiante al cursar la primaria en el centro Milà Fontanals, donde manifestó una clara afición por las matemáticas y la música. Realizó sus estudios secundarios en el Instituto Escuela del Parque de la Ciudadela de Barcelona, que marcó profundamente el pensamiento pedagógico de Casulleras, como él mismo recordaba constantemente haciendo referencias al carácter motivador y práctico de la educación recibida, a la calidad de sus profesores y a la formación en valores.

Joan Casulleras tuvo la oportunidad de hacer una carrera intensiva de Matemáticas en la Facultad de Ciencias de la Universidad de Barcelona. En el año 1937, se presentó a las pruebas de acceso a la universidad y se graduó el día 23 de septiembre de 1942 con el Premio Extraordinario de Licenciatura. En 1946, tuvo la suerte de estudiar con el profesor Luigi Fantappiè, de la Universidad de Roma.

Cabe destacar el contacto personal, mediante conversaciones y cartas, de Casulleras con Pere Puig Adam, que ejerció un papel referencial en el ideario de Casulleras como profesor, como autor de libros de texto y como armonista de canciones y bailes populares.

En 1949, ganó las oposiciones a catedrático de instituto. Esta fue su actividad profesional principal durante toda su vida activa y ocupó, sucesivamente, las cátedras en el Instituto de Lorca (Murcia) y en el Instituto de Figueres. Después ocupó la cátedra del Instituto Milà Fontanals de Barcelona, donde fue director emblemático y creó una coral que tuvo mucho éxito.

Joan Casulleras vivió en primera persona los cambios que se produjeron en la educación matemática durante la segunda mitad del siglo XX. Entonces, se editaron muchos libros y cuadernos didácticos para ofrecer orientaciones a la hora de desarrollar los temas del currículo de matemáticas desde un enfoque moderno.

Hacia mediados de los setenta, y en comisión de servicios, fue responsable de la Didáctica de la Matemática en la Escuela Normal de Magisterio de la UB. Además, entre 1978 y 1981, se hizo cargo de la Sociedad Catalana de Ciencias Físicas, Químicas y Matemáticas, donde impulsó muchas actividades, premios, olimpiadas matemáticas, etc.

Su enorme espíritu de trabajo lo llevó a ser un prolífico autor de libros de texto de primaria y de secundaria para la editorial Anaya. Siguiendo el estilo de las obras de Pere Puig Adam, las de Casulleras, con las que yo mismo me formé, eran eruditas y claras, con ilustraciones que permitían visualizar los contenidos y colmadas de ejemplos y ejercicios.

Anton Aubanell, Damià Sabaté y yo mismo fuimos discípulos de Joan Casulleras en los estudios del Certificado de Aptitud Profesional (CAP). El CAP fue breve, pero el impacto de Casulleras fuerte. Por eso, escribimos su biografía en Alsina *et al.* (2008).

Con Joan Casulleras y Francesc Vidal, redacté las entradas matemáticas de la *Gran enciclopedia catalana* a partir de la palabra *espacio.* A partir de una lista preliminar de la dirección, se hicieron los listados definitivos y a cada palabra se le asignaron las líneas de texto que debía tener (se pagaba a quince pesetas la línea) y quién se encargaría.

Muy a menudo, me reunía con Casulleras en su estudio, donde él escribía y practicaba su afición musical. Como ya se ha indicado en el capítulo 1, Casulleras se encargó de la armonización de la versión actual del himno universitario *Gaudeamus igitur.*

Una frase característica suya era: «Un buen profesor de matemáticas no puede salir de casa sin un cordel en el bolsillo». El cordel era el utensilio que empleaba para hacer trazados impecables de circunferencias en la pizarra.

H. S. M. Coxeter

Harold Scott MacDonald Coxeter (1907-2003) fue un famoso matemático canadiense, uno de los grandes geómetras del siglo XX, que hizo interesantes aportaciones a las relaciones entre matemáticas y arte, lo que influyó decisivamente en la obra de M. C. Escher (1898-1972).

Una de las anécdotas más encantadoras se debe a un descubrimiento bíblico de Coxeter. Él mismo contó en una conferencia que una noche que se encontraba en un hotel Hilton sin nada que leer, encontró en la mesita de noche una Biblia y se puso a leerla. En el relato bíblico, se decía que Matusalén vivió 969 años y tuvo a su hijo Lamec a los 187 años, que este tuvo a su hijo Noé a los 182 y que Noé tenía 600 años cuando llegó el diluvio. Al ver estos datos, Coxeter hizo la suma (187 + 182 + 600 = 969) y observó que Matusalen había muerto con la venida del diluvio. Al respecto, Coxeter dijo: «¿Matusalen murió de muerte natural o su nieto Noé se lo olvidó fuera del Arca?».

Con ocasión del Congreso Internacional de Educación Matemática 7 (ICME, por sus siglas en inglés), celebrado en Quebec, pronuncié una breve conferencia sobre el aprovechamiento del entorno arquitectónico para aprender geometría, en una sección sobre arte y matemáticas, y tuve la inmensa suerte de que Coxeter viniera a escucharme. Justo al terminar la charla, me di cuenta de que este discutía ostentosamente con su señora, que lo acompañaba, lo que me descolocó. ¡Por suerte no hablaba de lo que yo había dicho! La mujer le decía: «¡Eres un desagradecido y un ladrón!», y a Coxeter, alto y muy delgado, cercano a los noventa años, casi se le saltaban las lágrimas. El motivo de esta discusión matrimonial fue el siguiente hecho: ese día llovía y un amable ciudadano anónimo que iba en coche, al ver a los Coxeter, tan mayores y sin paraguas, los había recogido y los había llevado al congreso. Al bajar, Coxeter había cogido inconscientemente la cartera del conductor (dinero, tarjetas, permisos...) y se la había llevado. El conductor debió de maldecir entonces haber confiado en aquellos viejitos ladrones. Menos mal que al final lo recuperó todo.

Juan Carlos Dalmasso

Juan Carlos Dalmasso ha sido impulsor y director de la Olimpiada Matemática Argentina (OMA), actividad que llega a involucrar en sus distintas fases hasta ochocientos mil chicos y chicas, desde los primeros niveles (pruebas Ñandú) hasta la secundaria. Dalmasso ha seducido a un inmenso equipo de profesorado de Matemáticas de todas las provincias de Argentina y ha logrado un cambio general en todo el país al considerar la resolución de problemas el motor esencial de la educación matemática. Luis Antonio Santaló siempre admiró sus capacidades organizativas.

Hasta en quince ocasiones, participé en los seminarios internacionales que Juan Carlos Dalmasso y Norma Pietrocola organizaron para el profesorado, una gran experiencia. En ellos, coincidí con Miguel de Guzmán, Rafael Pérez Gómez, Mari Luz Calleja, Carme Burgués, Eliseo Borrás, Montserrat Torra, Santiago Fernández, Pepe Colera, etc.

En una ocasión, los seminarios los impartimos en la Facultad de Matemáticas de Buenos Aires, cuyo bar funcionaba como restaurante para todos los asistentes. Un día por la tarde, después de comer, muchas de las profesoras que seguían los seminarios y habían comido en el bar empezaron a tener problemas que las obligaban a ir a menudo al WC. Se descubrió que unos estudiantes que deseaban gestionar ellos mismos el bar habían echado laxante líquido en muchas de las ensaladas. Miguel de Guzmán, Juan Carlos Dalmasso y yo nos libramos del problema, pues casualmente aquel mediodía nos habían invitado a comer en el Ministerio de Educación en Buenos Aires. ¡Uf!

Una anécdota estupenda ocurrió un día en que un estudiante muy joven participante en la última fase olímpica quiso hablar con Dalmasso para preguntarle... qué debía hacer para llegar a ser él director de la OMA.

Ubiratan D'Ambrosio

Ubiratan D'Ambrosio (1932-2021) fue un ilustre educador matemático brasileño con gran proyección internacional por ser el fundador en 1984 de la llamada «etnomatemática» en su celebrada conferencia en el ICME-5, en Adelaida. Recomiendo su blog personal, listado en el apartado de referencias.

La etnomatemática consiste esencialmente en utilizar los recursos culturales de proximidad (historias, juegos, recetas, músicas, bailes...) para ofrecer una educación matemática que interese a los niños y niñas de un determinado entorno. Al principio, Ubiratan lo aplicó a la formación de tribus brasileñas, pero sus seguidores lo han extendido a diversos ámbitos culturales.

Con Ubi (esta era su denominación más popular) he coincidido en muchos congresos de muchos países distintos, hecho que él justificaba con la cariñosa explicación «Como tú y yo somos tan redonditos, vamos dando vueltas sobre la esfera terrestre y nos vamos reencontrando».

Miguel de Guzmán (1936-2004) fue un matemático muy eminente. Ingresó en la Compañía de Jesús, cursó un doctorado en Alemania y adquirió una cultura sólida y un conocimiento de idiomas formidable. Más adelante, se lanzó con pasión al análisis matemático y, orientado por el padre Albert Dou, hizo una importante tesis en la Universidad de Chicago con Alberto Calderón. Fue catedrático de Análisis en la Universidad Complutense de Madrid y académico, aunque, después de un largo periodo de investigación, su interés intelectual se orientó hacia la educación.

De Guzmán escribió libros de texto en Anaya, junto con Adela Salvador y José Colera, que se hicieron muy populares, publicó libros de divulgación sobre problemas de matemáticas, pronunció muchas conferencias y presidió la ICMI durante ocho años. Como era reconocido en el mundo matemático internacional y estaba interesado en la educación, a Jean-Pierre Kahane, de su mismo campo (análisis armónico) y por entonces presidente de ICMI, se le ocurrió que lo sustituyera. Al saber que existía esta propuesta, y siendo yo el delegado español de la Unión Matemática Internacional (IMU-ICMI, por sus siglas en inglés), el secretario general de ICMI, G. Howson, contactó conmigo en secreto durante un congreso en Leeds para ver qué me parecía. Como es natural, lo avalé incondicionalmente: nos interesaba tenerlo de presidente para cuando se votara dar el congreso ICME-8 a Sevilla. Y así fue.

Con De Guzmán, que murió prematuramente de forma inesperada, mantuve una firme amistad y colaboración. Escribimos juntos *Los matemáticos no son gente seria*, trabajamos mucho por los ICME y viajamos impartiendo cursos y conferencias por toda España y Argentina.

Una anécdota estupenda que nos involucró a los dos tuvo lugar el día de la inauguración oficial del gran congreso educativo ICME-8 en Sevilla ante un auditorio de unos cuatro mil profesores de todo el mundo. De Guzmán y yo formábamos parte de la mesa, él como presidente de la ICMI, y yo como presidente del comité científico del congreso, y debíamos dirigir al público unas breves palabras. Diez minutos antes de la inauguración, el servicio de protocolo de la presidencia de la Junta de Andalucía nos comunica que la llegada del presidente Chaves es inminente y que, como no habla inglés, todo debe hacerse en castellano, tanto sus intervenciones como las nuestras. Nosotros no lo aceptamos y amenazamos con no ir a la mesa si no podíamos dirigirnos en inglés a una audiencia tan internacional (no había traducción simultánea en el recinto). Ante el posible escándalo, Chaves dijo que adelante y el congreso se inauguró con una mezcla de idiomas.

Le agradezco a Miguel de Guzmán la admiración que siempre me tuvo por mis conferencias, que consideraba muy creativas (decía a menudo: «Yo, aunque me he ido soltando con la edad, soy demasiado tímido, no como tú»). Y también nos unía un cierto paralelismo al ser de los pocos catedráticos universitarios de Matemáticas que nos interesábamos por la educación en todos los niveles y por la divulgación frente a un público general.

Jan de Lange

El amigo Jan de Lange ha sido una de las grandes figuras internacionales en educación matemática. Ha estado vinculado a la Universidad de Utrecht durante treinta y cinco años, ha sido director del Instituto Freudenthal durante dieciséis y ha liderado la línea educativa de la matemática realista, basada en elementos de la vida real para resolver problemas. Su liderazgo en las pruebas PISA también ha sido notable.

Ambos hemos estado en el Grupo Istron durante años, lo que nos ha permitido encontrarnos anualmente y tener discusiones en muchos lugares del mundo. En dos ocasiones, me invitó a clausurar las jornadas matemáticas de los profesores holandeses, acontecimientos curiosos donde el programa incluye conferencias de usuarios de las matemáticas (ingenieros, joyeros, informáticos, farmacéuticos, etc.). De Lange, que es aviador y gusta de volar por ocio, ha sido seguramente el matemático que más viajes ha hecho en avión comercial. Su omnipresencia en congresos y reuniones lo llevaba, por ejemplo, a viajar de Utrecht a Nueva York para mantener una reunión de dos horas o a enlazar visitas a China, Bolivia, Corea, París, etc.

En una ocasión en la que provenía de un caluroso país centroamericano, vestido con camiseta y pantalón corto y con una lanza indígena que le habían regalado, su vuelo a Ámsterdam hizo escala en Nueva York, donde se canceló el vuelo de enlace por la tremenda nevada que caía. Una escena memorable: Jan de Lange semivestido y con una lanza indígena intentando encontrar un taxi para ir a algún hotel.

Es un hombre de buen ver y fue un soltero de oro hasta la cincuentena, cuando se casó con una joven colaboradora con la que tuvo dos hijos, aunque se separó al poco tiempo. Un día, en su casa, noté que su hijo me trataba con un gran respeto y me explicó el motivo: los juguetes, que en España los traen los Reyes Magos, en Holanda los distribuye un personaje que proviene de España. Posiblemente, el niño pensó que, por si acaso, valía la pena quedar bien conmigo.

Desde hace tiempo, De Lange se dedica a las matemáticas para niños muy pequeños, cuya creatividad le fascina.

Jordi Deulofeu

Jordi Deulofeu fue catedrático de Didáctica de las Matemáticas en la UAB, institución donde fue docente desde 1978 hasta 2023. Ha sabido combinar una prolífica actividad investigadora, direcciones de tesis y proyectos con una relevante actividad divulgadora, siempre en torno al tema de los juegos en matemáticas. No solo ha publicado libros muy atractivos con problemas y juegos, sino que se hizo muy popular con una sección en *La Vanguardia* entre 1991 y 1996: «Para pensar de un minuto a una hora». También ha colaborado en revistas y, actualmente, dirige una colección de libros recreativos que incluye interesantes ejemplares históricos.

Jean Dieudonné

Jean Alexandre Eugène Dieudonné (1906-1992) fue un gran matemático francés y uno de los líderes y fundadores del famoso grupo de matemáticos franceses que trabajó bajo el nombre de Nicolas Bourbaki. Poco podía sospechar el general Charles Denis Sauter Bourbaki (1816-1897) que muchos años después un grupo de matemáticos usaría su nombre. El grupo Bourbaki nació en 1935 y sus miembros iniciales eran Henri Cartan, Claude Chevalley, Jean Delsarte, Jean Dieudonné, René Possel y André Weil. Con los años, muchos otros matemáticos colaboraron con este grupo.

En el café Capoulade de París, donde el grupo se reunía, tuvieron la idea de escribir con gran rigor y formalismo una gran obra titulada *Elementos de matemática*, que reuniría una serie de volúmenes que fundamentarían axiomáticamente todo el edificio matemático partiendo de la teoría de conjuntos. En el final de cada volumen, el *escribano* de la última versión era Dieudonné.

Su proclama «Muera Euclides» afortunadamente no triunfó, pero, por ejemplo, Dieudonné llegó a escribir un libro de geometría afirmando lo siguiente: «He hecho este libro sin ninguna figura», una cualidad muy dudosa.

La influencia del grupo fue educativamente nefasta, pues se extendió la llamada «matemática moderna», con la teoría de conjuntos al servicio del aprendizaje. Además, como los mismos Gobiernos que autorizaron estos nuevos enfoques no se preocuparon de formar a los profesores, el desastre fue mayúsculo, y aún hoy te encuentras miles de adultos que recuerdan con rencor aquella teoría de conjuntos que tanto los fastidió.

Siendo yo estudiante de Matemáticas, asistí a unas conferencias que Dieudonné impartió en nuestra facultad de Barcelona. En cada charla, llenaba diversas pizarras con descripciones formales, sin apoyo de imágenes y sin referencias históricas. Aquello me sirvió para entender bien cómo no debía ser la comunicación de las matemáticas. Algo es algo.

Albert Dou

Albert Dou Mas de Xexàs (1915-2009) fue un ilustre jesuita y matemático. Estudió Matemáticas (su doctorado lo dirigió el gran matemático alemán W. J. E. Blaschke), Ingeniería de Caminos, Canales y Puertos, Filosofía y Letras y Teología. Además, dominaba varios idiomas.

Dou fue profesor en la Universidad de Deusto, la Universidad Pontificia de Comillas y la Escuela Técnica Superior de Caminos, Canales y Puertos de Madrid, además de catedrático de Análisis Matemático en la Universidad Complutense de Madrid. Después, fue emérito muy activo en la UAB. Era magistral en sus exposiciones y apasionado al dar clases. En una ocasión dijo:

> El profesor que da apasionadamente un curso universitario quiera o no, sea consciente de ello o no, imparte también una visión del cosmos y de la vida, y los alumnos, quieran o no, sepan o no, quedan críticamente impactados por el curso, sea hacia una aceptación o hacia un rechazo de valores o pseudovalores humanos, independientemente de los contenidos matemáticos o de los de la disciplina que se enseñe.

Personalmente, para mí, después de vivir un tiempo en una especie de esquizofrenia entre los valores religiosos y los matemáticos, pronto llegué a la conclusión de que convergían en un único humanismo. A veces lo he resumido en una frase:

Del púlpito a la tarima no existe solución de continuidad.

Según el Proyecto de Genealogía Matemática, Dou tuvo 12 estudiantes de doctorado de los que han surgido 348 descendientes, entre los que destacan por motivos muy especiales A. Valle (con 93 descendientes), I. Díaz (con 110 descendientes) y J. L. Andrés Yebra (con 86 descendientes).

Asimismo, Dou realizó estancias matemáticamente muy provechosas en Hamburgo, Nueva York y otras universidades, e incluso colaboró con el Programa Apolo de la NASA. Destacó por sus investigaciones y contribuciones a campos tan diversos como teología, ecuaciones diferenciales en derivadas parciales, geometría diferencial, elasticidad, lógica matemática y filosofía de la ciencia. Para una detallada biografía científica de Dou, véase Ildefonso, 2009.

Dou fue amigo y protector de Miguel de Guzmán (1936-2004), también matemático y jesuita en su primera etapa vivencial, a quien envió a trabajar a Chicago con Alberto Calderón. Dou, Valle y Guzmán fueron grandes impulsores de escuelas matemáticas en toda España, contribuyendo a la modernización e internacionalización de la disciplina en el país.

Por su gran categoría científica, fue académico de la Real Academia de Ciencias Exactas, Físicas y Naturales de Madrid, así como de la Real Academia de Ciencias y Artes de Barcelona, presidió la Real Sociedad Matemática Española y recibió la condecoración de la Orden de Alfonso X el Sabio al Mérito Docente.

Conocí a Dou y mantuvimos una buena amistad. Coincidimos en un tribunal de oposiciones en Caminos de Madrid, donde aprecié su integridad moral al desatender las presiones del rectorado respecto a un candidato local de bajo nivel. Pero además fui buen amigo de su hermano Jordi y de su querido Miguel de Guzmán. Jordi Dou era matemático y arquitecto, así como un reconocido autor de soluciones de problemas matemáticos que se publicaban en las revistas de la Mathematical Association of America (MAA) de Estados Unidos.

Albert Dou me contó una anécdota encantadora. Él y su hermano Jordi, ya muy mayores, eran aficionados a jugar al tenis y se operaron de la cadera para seguir haciéndolo. Al respecto, Dou me dijo: «Ahora ya podemos seguir jugando, pero el problema es que no vemos bien la pelota». Encantador.

Paul Erdös

El gran matemático húngaro Paul Erdös (1913-1996) pasó la mayor parte de su vida viajando y visitando universidades de todo el mundo. Esto y su brillante imaginación para proponer problemas lo llevó a escribir cientos de artículos científicos con muchos matemáticos. Resulta curioso que valorara la dificultad de los problemas que planteaba dando el precio en dólares que estaría dispuesto a pagar por la solución.

Un día, surgió la idea de clasificar a los matemáticos de acuerdo con el número de Erdös:

a. Erdös tendría el número 0.
b. Si alguien escribía un artículo con Erdös, tendría número de Erdös 1.
c. Si alguien escribía un artículo con alguien de número de Erdös 1, tendría número de Erdös 2.
d. Y así sucesivamente. Si alguien tenía dos números de Erdös se quedaría con el menor posible y, si no era posible entrar en la lista, el número de Erdös asignado sería infinito.

Hay 508 matemáticos con número de Erdös 1 y 6.984 con número 2. Todos los datos se encuentran en la página web The Number Erdös Project, disponible en el apartado de referencias. Se considera que hoy hay más de doscientos mil matemáticos con algún número de Erdös.

En mi caso, primero tuve número de Erdös 3, al escribir un artículo con Abe Sklar, que era un 2, pues había escrito otro artículo con un 1: Tom Apostol. Pero ahora tengo número de Erdös 2, pues escribí un artículo con un 1: János Aczél.

Coincidí con Erdös en congresos de Berkeley y Budapest. En este último caso, hice una presentación sobre la educación matemática en España en el ICMI y, como el final de la sesión anterior se retrasó, yo también acabé más tarde, por lo que el paciente Erdös, que era el siguiente conferenciante, tuvo que esperar a que acabase. Eso hizo que en la parte final de mi charla tuviera yo mucho más público.

Una anécdota curiosa: el 20 de abril de 2004, Bill Tozzi, un investigador con número de Erdös 4, puso a subasta en eBay la posibilidad de publicar un artículo con él para conseguir un número de Erdös 5; el ganador pagó 1.031 dólares. ¡He aquí un nuevo negocio!

Josep M.ª Fortuny

Josep M.ª Fortuny Aymemi fue uno de los primeros catedráticos de Didáctica de las Matemáticas en España y mi primer doctorando. Ha desarrollado una extensa labor en proyectos de investigación didáctica, y juntos hemos colaborado en libros y textos, especialmente en el mundo de la enseñanza de la geometría o de la matemática cotidiana. Al ser aficionado a hacer talleres de geometría con experimentos en tres dimensiones, como yo, hemos pasado ratos muy buenos inventando experiencias. Su afición principal es coleccionar y arreglar, con infinita paciencia, computadoras antiguas.

Una anécdota curiosa tuvo lugar cuando trabajamos juntos para el Instituto del Consumo de Cataluña (hicimos el libro *La matemática del consumidor* y algunos juegos de mesa). En un momento de falta de presupuesto, el instituto halló un camino para pagar nuestro trabajo: considerarnos becarios. Debe de ser de los pocos casos en que dos catedráticos de universidad trabajan como becarios (y a precio de becarios).

Hiroshi Fujita

Hiroshi Fujita (Osaka, 1928) es un renombrado matemático japonés con trabajos relevantes en ecuaciones diferenciales e interesado en educación. En 1996, cuando el ICMI-7 se celebraba en Japón, parecía que el jefe del programa sería Toshio Sawada, pero los sabios japoneses consideraron que, para llevar el programa, los *solo* cincuenta años de experiencia de Sawada no se podían comparar con la sabiduría que proporcionaban los casi setenta de Fujita. Yo trabajé con él en el comité.

Una anécdota protocolaria se produjo en la primera reunión del comité en Makuhari. Mogens Niss sugirió que todos nos tratáramos de tú y usásemos el nombre, por lo que preguntó al profesor Fuijita si podía llamarlo Hiroshi. El venerable Fujita no sabía dónde meterse y la situación le resultó muy incómoda (deduje que sería como si a mí me llamasen Claudín). Menos mal que el representante Lee Peng Yee, de Singapur, encontró una salida honorable: lo llamaríamos «Son of Fujita».

A finales del congreso ICME-9, el profesor Fujita me hizo buscar con urgencia y me pidió un favor. Habían recibido una carta de adhesión al congreso del presidente de Perú, Fujimori. La carta estaba en castellano y les hacía mucha ilusión que yo la leyera durante el solemne acto de clausura. ¡Me quedé helado! Hice notar las dificultades de Fujimori en Perú (cayó al poco tiempo y huyó a Japón), pero descubrí que, para el profesor Fujita y sus colegas, era un japonés triunfador, alguien de los suyos que ha llegado a presidir otro país, y además me dijo: «Fujimori era de álgebra».

Antes de convertirme en la voz de Fujimori, hice una consulta urgente al Comité Ejecutivo de ICMI, que vio muy bien que leyera el mensaje. En la inauguración, se había leído el de Bill Clinton y, en aquel momento, Fujimori era un presidente. La delegación de Perú quería leer la carta, pero al profesor Fujita no le pareció adecuado, pues creyó que sería más neutral si la leía yo, que era miembro del Comité. Bien, bueno…

Así, en la clausura de ICME-9, Fujita dijo: «Y ahora escucharemos la adhesión del presidente Fujimori de Perú. Mi amigo Claudi la leerá». Y allí, seguido por los *fujimoristas*, que se situaron detrás, con una foto gigante proyectada de Fujimori, leí el mensaje, el cual, dicho sea de paso, le habían escrito lo bastante bien. Como yo ya me había encargado de explicar las circunstancias a todos los iberoamericanos presentes, la lectura de la carta fue seguida correctamente y sin silbidos.

Federico Gaeta

El profesor Federico Gaeta (1922-2007) estudió su especialidad en Geometría Algebraica con el gran Severi en Italia y fue un brillante matemático en este campo.

Su carácter lo llevó a ser profesor hasta en ocho universidades en Argentina, Brasil, Estados Unidos, Zaragoza, Barcelona y Madrid. Por su militancia socialista y su visceral antifranquismo, se exilió durante muchos años.

A Gaeta le encantaba expresar sus opiniones o denuncias en radios y periódicos, por lo que se lo tachó de persona conflictiva. Hasta logró enfurecer a colegas tan prudentes como Lluís Santaló o Miguel de Guzmán. Tanto es así que, cuando escribí con De Guzmán el librito de anécdotas *Los matemáticos no son gente seria*, no pude incluir ninguna de Gaeta, pues mi colega creía que podía demandarnos o montar un lío.

Cultivé una amistad con Gaeta, que siempre fue muy amable conmigo, incluso me invitó a visitarlo en su casa de Búfalo y fuimos juntos a las cercanas cataratas del Niágara. Siempre era muy atento sirviendo vino o café, pero su esposa me dijo: «Todo lo hace con el corazón, pero pone las manos».

Una anécdota excepcional ocurrió con motivo de su jubilación en la Universidad Complutense de Madrid. Quería conservar su despacho en la universidad, algo no previsto. Viendo que no podría hacerlo por los canales usuales, organizó una rueda de prensa para anunciar que se declaraba en huelga de hambre y se encerró en el despacho. Sin embargo, las autoridades estuvieron alerta y, cuando vieron que salía del despacho para ir a comer algo en secreto, colocaron todo el contenido personal del despacho en el pasillo y cambiaron el cierre y la llave. Al regresar, Gaeta ya solo pudo ocuparse de que trasladaran sus efectos a su casa.

Jaume Ll. Garcia Roig

Jaume Lluís Garcia Roig fue un destacado miembro de mi promoción en la Facultad de Matemáticas de la UB en el periodo 1969-1974. Fue siempre un estudiante singular, vestía elegantemente con traje y corbata y obtenía las máximas calificaciones en todas las asignaturas (por ello, lo apodaban el Matriculitas). Sus preguntas hacían temblar a los profesores de la época. Años después, se incorporó a mi departamento en la UPC y así pudimos seguir compartiendo amistad y proyectos.

La facilidad de Garcia Roig para todos los temas de álgebra solo podía compararse con su facilidad para los idiomas inglés y alemán. Tan perfecta es su fonética inglesa que he presenciado discusiones en aeropuertos anglófonos donde la policía de pasaportes dudaba de que fuese español, dado el acento BBC con que se expresaba.

Como yo de joven era aficionado a bailar sardanas, un día invité a Garcia Roig a venir a bailar a los conciertos de la plaza de la catedral. Y le gustó. Aprendió pronto y muy bien y, al cabo de poco tiempo, se convirtió en uno de los mejores sardanistas, contando y distribuyendo el baile. La capacidad de aprender sirve para todo. Esto demuestra su historia.

Sol Garfunkel

Solomon Garfunkel, matemático americano de familia judía, era un estudiante brillante que realizó una buena tesis sobre lógica y se inició en la vida académica en la Universidad de Connecticut.

Al disfrutar de una cuantiosa herencia paterna y tener un fuerte convencimiento personal sobre la necesidad de renovar totalmente la educación matemática dando un salto cualitativo hacia una educación ligada a la vida de la gente, decidió dejar lo que consideraba el circo universitario y montar su propia empresa de matemáticas cerca de Boston. Así nació Comap (Consortium for Mathematics and its Applications), dedicada a la realización de materiales curriculares, revistas, vídeos, programas de televisión, etc.; en esencia, a proyectos educativos de gran vuelo financiados en gran medida por la Fundación Nacional de Ciencias y otros organismos públicos o privados de Estados Unidos. ¡Y fue un éxito! (excepto en la era Bush, naturalmente).

Conocí a Garfunkel y a su esposa, Laurie, en 1988 en Leeds (Inglaterra) durante un simposio ICMI de popularización. El inquieto Garfunkel observó un día (así es como lo explica él) que al asistir a congresos encontraba siempre a determinada gente con la que le hubiera gustado compartir informaciones, ideas y conversaciones alrededor de una buena mesa y sin prisas (es un *gourmet*), pero los frenéticos horarios de los congresos nunca permitían hacerlo. Decidió entonces formar un grupo fijo e internacional de amigos interesantes para él. Una vez al año, se reunirían durante tres o cuatro días en algún lugar del mundo, con la financiación de Comap, y así podrían hacer contactos profesionales y personales.

Dicho y hecho. Garfunkel y su mujer convocan en la primavera de 1990 a un paradisiaco lugar de Creta llamado Istron Bay Resort a Werner Blum, Jan de Lange, Joe Malkevitch, David Moore, Mogens Niss y Jean-Michel Kantor. Allí, se bautiza al grupo con el nombre del sitio (Istron) y se formula el eslogan en relación con la educación matemática: «Strong principles loosely held» («Fuertes principios firmemente mantenidos»). Enseguida, Comap produce camisetas con el fin de inmortalizar los principios del grupo y papeles impresos con un logo. En 1991, en Villa Rucellai, en Prato (Italia), el grupo queda reafirmado y nace la propuesta de ampliarlo con un singular personaje del área hispana: yo.

Encantado, honrado y expectante, me incorporo a la reunión anual de 1992 en el hotel Sheraton de Cancún (México) y, desde entonces, estos singulares encuentros se añaden a mi agenda: París (Francia), Madeira (Portugal), Domme (Francia), Charleston (Carolina del Sur, EE. UU.), Sirminione (Italia), Morelia (México), Paros (Grecia), Santa Fe (Nuevo México, EE. UU.), etc.

Como deducirás, cada miembro del grupo tiene una nacionalidad (Estados Unidos, Alemania, Dinamarca, Holanda, Francia y España) y todos desarrollamos una remarcable labor en educación matemática en el mundo. Además, todos hemos coincidido en los grandes congresos ICME en Budapest, Quebec, Sevilla, Makuhari-Tokio, Copenhague, Singapur, Las Vegas, Dortmund, Lisboa, etc. ¡Pocos grupos habrá que se encuentren tantas veces, pero siempre en lugar diferente!

Profesionalmente, Istron representa para nosotros una oportunidad excepcional de tener una visión panorámica (¡anual!) de cómo va evolucionando la educación matemática en el mundo, con informaciones privilegiadas de primera mano. Y, entre reunión y reunión (cada uno en su ámbito de actuación), podemos difundir muchas ideas compartidas. Porque, si bien todos somos muy diferentes y con circunstancias muy diversas, compartimos una serie de ideales de innovación y cambio para la formación de la gente. Técnicamente, todos somos partidarios de la enseñanza innovadora, mediante aplicaciones y haciendo uso del proceso de modelización matemática partiendo de problemas reales.

Asimismo, hemos desarrollado una sólida amistad, un profundo conocimiento de todos nosotros y nuestras respectivas familias y compartimos también la oportunidad (como dice Mogens) de ir haciéndonos mayores juntos.

Claude Gaulin

Claude Gaulin (1938-2020) fue un eminente educador matemático canadiense con gran proyección internacional en el ámbito de la didáctica y la formación de profesores. Coincidí muchas veces con él en los congresos ICME y en muchos seminarios en Argentina.

De él, recuerdo una anécdota encantadora. En una ocasión en Barcelona, lo invité al restaurante Set Portes, pues quería probar la paella. Ya en la mesa, encargamos los arroces, pero entonces saltó un requerimiento insólito por su parte. Quería comer arroz, pero expuso al camarero que era alérgico al ajo y a la cebolla. Pensar en un arroz catalán sin el clásico sofrito, que incluye cebolla y ajo como base principal, era absurdo. No obstante, el cocinero lo resolvió preparando una paella parellada, sin esos condimentos.

Joan Gómez Urgellès

El profesor Joan Gómez es un acreditado ciudadano de Vilanova i la Geltrú, donde ejerce como un gran activista social de promoción de las matemáticas. Se involucra en todo tipo de sociedades, concursos, conferencias, ferias, actos de divulgación, etc.

Siguiendo mi estilo, ha introducido siempre música en sus charlas y su canción favorita es «Blowin' in the Wind» de Bob Dylan, canción protesta aplicada al cambio positivo en la educación matemática.

Joseph Kampé de Fériet

Joseph Kampé de Fériet (1893-1982) fue un ilustre matemático francés que desarrolló su profesión en la Universidad de Lille durante cincuenta años investigando funciones, teoría de fluidos o teoría de la información.

Coincidí con él en varios congresos, pues, a pesar de su avanzada edad, seguía acudiendo a eventos de su interés y pronunciando conferencias de gran lucidez.

Estando en un congreso en Barcelona (1977), me tocó hacer de taxista y complacer su deseo de visitar el monasterio de Montserrat, pues un hijo suyo era monje benedictino. En el camino, le conté que aquel año había estado en la Universidad de Massachusetts siguiendo dos cursos de Marshall H. Stone, lo que lo sorprendió, pues me preguntó: «¿Pero aún vive? ¡Debe de ser muy viejo!». Curioso, pues en aquel año Kampé tenía ochenta y cuatro años y Stone solo setenta y cuatro.

En un congreso sobre ecuaciones funcionales, Kampé presentó un resultado muy reciente, pero justo al día siguiente el matemático italiano Bruno Forte presentó un contraejemplo que lo desmentía. Kampé estuvo contrariado, pero salvó la tensión de aquella sesión diciendo: «Pero mi resultado debe de ser casi cierto, porque Forte es el único que podía encontrar este sofisticado contraejemplo».

Marek Kuczma

El matemático polaco Marek Kuczma (1935-1991) era el líder de las ecuaciones funcionales que contenían siempre funciones de una variable $f(x)$ y sus libros fueron las referencias principales en este campo. De hecho, creó una escuela muy activa especializada en ecuaciones funcionales en la Universidad de Katowice, la cual hoy sigue con su legado. No obstante, cabe remarcar que, en las funciones con varias variables, el liderazgo fue de János Aczél, pero ambos tuvieron siempre una buena amistad.

Viajó por Europa y Estados Unidos. En las épocas complicadas en Polonia, con grandes dificultades económicas, Marek hacía todo lo posible por acudir a congresos a los que lo invitaban y se llevaba comida frugal para el viaje.

Coincidí con él en varios lugares, pero recuerdo especialmente su visita a Barcelona. Era muy amable y tenía la salud delicada debido a su diabetes. Además, se dedicó siempre a investigar y a ayudar a sus estudiantes y colegas.

Su frase favorita era relativa a un edificio alto y feo de su ciudad Katowice y, al respecto, decía: «¿Cuál es la mejor manera de ver Katowice?». La respuesta era: «Desde el tejado del edificio más alto, pues así este no se ve».

Joe Malkevitch

Joe Malkevitch es un gran matemático y un ciudadano enamorado de Nueva York. Es de gran complexión (con un innegable semblante judío remarcado por sus ojos, barba, nariz y orejas) y desconfiado, hecho que queda claro por el enorme bolso que siempre lleva encima con todo tipo de documentos, medicamentos, repuestos, etc., vaya donde vaya. El secreto de este investigador y educador con capacidades divulgadoras extremas radica en su formación enciclopédica (¡sabe de todo!), una biblioteca personal exuberante y un trabajo cotidiano infinito. Con él he coincidido en las reuniones del grupo Istron: es el único miembro que solo bebe agua.

Malkevitch es un apasionado de la geometría y de la teoría de grafos y disfruta haciendo ver las relaciones modernas entre matemáticas y vida cotidiana, tecnología, biología, etc.

Un problema casero permanente ha sido siempre convencer a su esposa, Nina, de que precisa más espacio en casa de librería. Al final, utilizando sus habilidades geométricas, diseñó unos espacios junto al techo donde tener a mano sus imprescindibles libros.

Benoît Mandelbrot

Benoît Mandelbrot (1924-2010) fue un matemático judío polaco que trabajó en Francia y Estados Unidos, donde se implicó desde 1958 en la empresa IBM. A lo largo de su activa vida, fue profesor de Economía en Harvard, de Ingeniería en Yale, de Fisiología en el Colegio de Medicina Albert Einstein y de Matemáticas en París y Ginebra.

En 1982, desarrolló la teoría de los fractales en su libro *La geometría fractal de la naturaleza.* Diversos matemáticos ya habían tratado por métodos iterativos conjuntos autosemejantes (una parte es equivalente al todo), pero Mandelbrot usó las posibilidades computacionales de su época y relacionó los fractales con las formas presentes en la naturaleza: montañas, árboles, perfiles de costas, brócolis, etc., objetos cuyas dimensiones pueden ser fraccionarias frente al mundo de puntos, rectas, planos y espacio de la geometría clásica con dimensiones enteras (0, 1, 2, 3).

Asistí a alguna conferencia de Mandelbrot y, en cierta ocasión, tuve que ser su presentador en una charla en el

CosmoCaixa de Barcelona, pues el director, Jorge Wagensberg, no llegó a la hora y me rogó que lo sustituyera. Según me contó Wagensberg, al día siguiente llevó a Mandelbrot a visitar la Sagrada Familia y este, al ver las columnas arborescentes de la nave central del templo, dijo maravillado: «Gaudí ya conocía los fractales».

Juan Martínez-Tébar Giménez

Mi amigo Juan Martínez-Tébar Giménez, de Albacete, es un innovador profesor de Matemáticas en secundaria y un gran activista en las iniciativas de la Sociedad Castellano Manchega de Profesores de Matemáticas. A Miguel de Guzmán y a mí nos hizo gracia que nos pidiera usar para su blog el título de nuestro librito *Los matemáticos no son gente seria.*

Si algo destaca en él es su afición por llevar encima todo tipo de *merchandising* matemático: escudos, clips, paraguas… y, muy especialmente, corbatas con motivos geométricos, números, símbolos, etc. Así, nadie duda del oficio de quien las lleva, salvo en algún caso de ignorancia, como cuando yo llevaba una corbata con muchos símbolos del número pi y un alto funcionario ministerial me dijo: «Queda claro que usted es de griego».

Karl Menger

El venerable Karl Menger (1902-1985), matemático del círculo de Viena que se exilió en Estados Unidos, era un genio en multitud de campos, pero no era un hombre de cultivar una sola rama, sino de inventar muchas. Por ejemplo, postuló la teoría de la dimensión cuando era estudiante universitario y desarrolló los fractales antes que Mandelbrot y los conjuntos borrosos antes que Zadeh. Abría campos de forma visionaria y profunda.

En 1977, Enric Trillas y yo visitamos a Menger. Nos recibió en su casa, donde nada más entrar nos enseñó, de su colección de cerámicas, una baldosa catalana que decía «Bienvenidos a esta casa». Un detalle encantador. Era un hombre especial, estaba divorciado y su hogar parecía una biblioteca tridimensional, es decir, los libros formaban grandes montones desde el suelo y eran tantos que había dejado solo el espacio justo para pasar de un sitio a otro. No sabíamos si esto había contribuido a su divorcio, pero posiblemente ayudó. Era curioso oírlo hablar del gran lógico Kurt Gödel («Él era mi ayudante de problemas en Viena») o de Albert Einstein, que conocía bien. Dejó de volar tras la muerte de su discípulo Abraham Wald en un accidente aéreo.

Años más tarde, volví a visitarlo solo y fue encantador como siempre. En aquella ocasión, yo pronunciaba una conferencia en el Illinois Institute of Technology (IIT) sobre los espacios de Menger y este tuvo la deferencia de asistir. ¡Qué compromiso! Fue extraordinario hablar de su trabajo delante de él. No hay como ser joven, ¡ahora no me atrevería!

José Muñoz Santonja

Mi buen amigo José Muñoz Santonja estudió Matemáticas y es profesor en el IES Macarena de Sevilla. Es un brillante ejemplo de activista de la educación matemática. Sus intervenciones en los programas de matemáticas en la calle han sido siempre memorables y, además de libros (el último es *Ernesto. El aprendiz de matemago*), escribe artículos (solo o con coautores) sobre temas tan atractivos como los siguientes:

«Vamos a cantar matemáticas»
«El Quijote y las matemáticas»
«Cartomagia del 1 al 9»

«Las matemáticas de los no matemáticos»
«¡Qué lento pasa el tiempo con el álgebra!»
«¿Es usted un incompetente?»
«Los irracionales van de fiesta»
«¡¡Esto no es serio!!»
«Bricolaje matemático»

Durante una época, Muñoz actuó en representaciones teatrales llenas de humor y matemáticas con su colega Ismael Roldán Castro y ambos escribieron *Teatro y matemáticas: un viaje de ida y vuelta.* También ha formado parte del Grupo Alquerque junto con Juan Antonio Hans Martín y Antonio Fernández-Aliseda Redondo.

Roger B. Nelsen

El tándem Alsina y Nelsen es bien conocido en Estados Unidos y en diferentes lugares del mundo gracias a los siete libros publicados por la Asociación Matemática de América (MAA, por sus siglas en inglés) y la Sociedad Estadounidense de Matemática (AMS, por sus siglas en inglés).

Roger B. Nelsen es un matemático americano que desarrolló su vida académica en la exclusiva Universidad Lewis & Clark de Portland (Oregón). Lo conocí en Amherst en una de sus estancias con Berthold Schweizer y hemos coincidido en varios lugares del mundo, al participar en los mismos congresos y trabajar en los mismos temas, incluso hemos escrito algún artículo conjunto de investigación.

Aparte de ser un gran profesor, Nelsen se convirtió en una importante figura en el campo de las cópulas y sus aplicaciones estadísticas. Asimismo, lleva años haciendo grandes contribuciones a una curiosa especialidad: demostraciones sin palabras (*proofs without words*). Se trata de descubrir imágenes que por sí solas hagan entender la validez de propiedades matemáticas. Ha publicado muchas contribuciones al respecto y editado tres libros recopilatorios de los mejores hallazgos en el campo.

Un día, como *hobby*, empecé a interesarme en encontrar nuevas demostraciones ingeniosas e hice mis primeras publicaciones. Eran dibujos de una página de gran interés docente, pues hacían entrar por los ojos el porqué de muchas propiedades matemáticas: demostrar para entender mejor.

Aprovechando que conocía a Nelsen, hicimos juntos alguna búsqueda visual. Poco sospechaba entonces que aquello sería el inicio de una gran tarea conjunta y que nos convertiríamos en referentes en el tema. Llevamos años formando un buen equipo, siempre con nuevos proyectos. Él en Portland, yo en Barcelona, usando con intensidad el correo electrónico y encontrándonos periódicamente ya sea en Oregón o en Cataluña.

Un momento clave fue el siguiente. En una visita de Nelsen a Barcelona, fuimos a pasear por la rambla Cataluña y le propuse un reto: ¿sería posible escribir un libro donde explicar, creando una metodología adecuada, cómo se hacen las demostraciones visuales? De este paseo nació, justo en el chaflán rambla Cataluña con Aragón, delante de los populares escaparates del Colmado Quilez, nuestro primer libro para la MAA: *Math Made Visual. Creating Images for Understanding Mathematics* (2006).

De este volumen. hay traducción al coreano y, por desgracia para nuestros bolsillos, versiones piratas en internet. Animados por el éxito de la obra, hicimos un segundo libro dedicado a un interesante tema matemático transversal: visualizar desigualdades. Y de esa idea nació el volumen *When Less is More. Visualizing Basic Inequalities* (2009). En él, incluimos la mejor demostración de una famosa desigualdad de Erdös-Mordell: redujimos a un dibujo una justificación que durante décadas solo tenía verificaciones complicadas (en varias webs, se afirma que la nuestra es la mejor demostración existente).

La tercera propuesta fue un libro con las mejores demostraciones breves de temas de gran interés matemático, las más elegantes y sorprendentemente asequibles. Después de muchos meses de trabajo, terminamos *Charming Proofs. A Journey Into Elegant Mathematics* (2010), es decir *Demostraciones con encanto: un viaje por las matemáticas elegantes.* Fue un libro muy vendido, con traducciones al alemán, al polaco y al español. En el catálogo MAA de 2010, el jefe de publicaciones, Don Albers, escribió lo siguiente:

> Roger Nelsen y Claudi Alsina vuelven con otro ganador *charming proofs.* Estos dos personajes poseen un gusto matemático y unas habilidades expositivas extraordinariamente buenas. Su último libro muestra de forma muy viva este gusto, y demuestra cuán maravillosamente son apasionados por nuestra materia favorita. La buena nueva respecto a los profesores Alsina y Nelsen es que ya están trabajando en otro libro para la MAA.

En efecto, ya habíamos iniciado el siguiente proyecto: detectar cuáles eran los iconos (imágenes) más básicos y ricos de la geometría plana a través de los cuales era posible visualizar más cosas. Descubrimos que eran veinte los que se convertían en el centro de la visualización. Estos iconos dieron lugar al cuarto volumen: *Icons of Mathematics. An Exploration of Twenty Key Images* (2011). Como era evidente, lo que habíamos hecho por figuras planas lo teníamos que hacer con figuras espaciales; esto nos llevó al quinto libro: *A Mathematical Space Odyssey. Solid Geometry for the 21st Century* (2015), con traducción al chino. Al darnos cuenta de que el mundo de los triángulos tenía gran tradición pero que el mundo de los cuadriláteros tenía muchos rincones por explorar, publicamos un nuevo volumen: *A Cornucopia of Quadrilaterals* (2020). Y, de forma natural, esto nos llevó a estudiar el mundo de los polígonos con más de cuatro lados: *Planoply of Polygons* (2022).

De todos mis libros, me gustaría ser recordado por estas obras en colaboración con Roger. Nunca dos coautores habían publicado siete libros en la MAA y me sentí muy honrado de ser el primer catalán y español en tener libros publicados por tan prestigiosa asociación americana.

Mogens Niss

Mogens Niss es un matemático danés con gran proyección e influencia internacional. Por sus fuertes convicciones democráticas y renovadoras, se involucró hace años en la puesta en marcha de la Universidad de Roskilde, una alternativa radical a la Universidad de Copenhague.

Más allá de su amada Dinamarca, donde tanto ha influido matemáticamente, Niss se ha convertido en el hombre clave de la ICMI, de la que ha sido secretario general ocho años y donde siempre ha movido los hilos; en ella, ha desarrollado todo tipo de proyectos, estudios, comisiones, etc.

Asimismo, ha sido un hombre clave en los estudios PISA de la OCDE y en la teoría de enseñar matemáticas por *competencias*. Esta dimensión internacional ha moderado su radicalismo inicial y le ha permitido tener una envidiable visión equilibrada de conjunto. Es un *gourmet* exigente, catador muy fino y pintor por afición, y tiene la máxima condecoración danesa en educación mientras viva (pues en Dinamarca estas medallas deben ser devueltas por la viuda o familiares cuando el premiado fallece).

Margarita Oría de Chouhy Aguirre

Margarita Oría de Chouhy Aguirre (1921-2012) fue una gran profesora de Matemáticas argentina que destacó por su actividad formativa en niños y profesores hasta el final de sus días.

Nació en Buenos Aires en el seno de una familia muy culta. Su padre, José Antonio Oría, era presidente de la Academia Argentina de Letras y su madre, Margarita Stenbäck (de padres suecos), era profesora de Matemáticas. En este entorno, Oría adquirió una amplia cultura y hablaba castellano, inglés, francés, alemán y sueco. En 1946, se casó con el ingeniero Miguel Chouhy Aguirre, tuvo cuatro hijos y llegó a tener diecisiete nietos y dos bisnietos.

A partir de 1967, Oría se involucró en las actividades de la Olimpiada Matemática Argentina, que organizaba Juan Carlos Dalmasso con el apoyo de Lluís Santaló. Allí, impartía cursos cuyo objetivo era el desarrollo del pensamiento matemático y la resolución de problemas.

En los años noventa, cuando yo empecé mi labor en Argentina dando conferencias y seminarios para profesorado de secundaria, muchas fueron las ocasiones en que Oría asistía a mis actos, y muy a menudo actuaba como mi *secretaria* de seminario. Era la persona de mayor edad de los seminarios y, sin embargo, siempre dejaba claro que su interés estaba en aprender cosas. Siempre consideró, a pesar de nietos y bisnietos, que era estimulante para ella seguir formándose. Un gran ejemplo para todos.

Coque Pazos

Manuel Pazos Crespo (1948-2014), conocido en toda España como Coque, trabajó como maestro y profesor de Matemáticas en Galicia, donde fue un activo asesor del profesorado en esta disciplina durante catorce años. También participó en la creación de la Asociación Gallega de Profesores de Matemáticas (Agapema).

Gocé de su amistad durante muchos años y admiraba su humor, su capacidad comunicativa y sus brillantes iniciativas para generar actividades que interesasen al profesorado. Por ejemplo, inventó unas formidables Jornadas de Matemática Recreativa en A Coruña (que tenían unos ochocientos participantes) cuya estrategia era poner los juegos en el centro de atención de las clases. Asimismo, participaba en acciones de matemáticas en la calle y siempre recordaré a Coque con túnica roja y sombrero chino para trabajar geometría con tángram.

Cuando me invitó a inaugurar sus primeras jornadas recreativas, vivimos una nueva experiencia. En la Facultad de Informática de la Universidad de Coruña, se instaló Telefónica y ensayó la retransmisión de mi charla con conexiones a tres sedes de las otras provincias gallegas para mantener coloquios. Y funcionó.

Rafael Pérez Gómez

Mi buen amigo Rafael Pérez Gómez es un reconocido profesor de Matemáticas que primero fue docente en secundaria y posteriormente en la Universidad de Granada. Ha sido siempre un profesor innovador y un activista del uso de materiales docentes; de hecho, ha fundado su propia empresa relacionada: Proyecto Sur. Y es bien conocida su excelente calidad como conferenciante.

Hemos compartido jornadas, congresos, ciclos de conferencias y, en muchas ocasiones, los seminarios para profesores de la Olimpiada Matemática Argentina, pero si algo es singular en él como matemático es su profundo conocimiento e investigación de la geometría en su admirada Alhambra de Granada (véase, por ejemplo, su obra culminante *Alhambra. Belleza abstracta*). De hecho, el gran secreto de este lugar tiene precisamente a Pérez como descubridor. Este gran secreto merece contarse en tres actos, correspondientes a tres periodos históricos.

Primer acto: La maravillosa decoración nazarí (siglos XIII-XIV)

En el Reino de Granada, se encuentra una de las obras más bellas del mundo: la Alhambra. Se trata de una monumental construcción fortificada (medina) con palacios, mezquitas, escuelas, talleres, almacenes, casas, etc. Desde 1238, en que Muhamad ibn Yúsuf ibn Nasr (llamado normalmente Ibn al-Hamar) empieza a levantar el primer palacio, la Alhambra fue creciendo y parte de sus obras clave se culminaron a mitad del siglo XIV con el palacio de Comares.

En las partes nobles del recinto, destacan las decoraciones en soportes de madera, cerámica y estuco, consistentes esencialmente en epigrafías con caracteres cursivos o geométricos, decoraciones vegetales y decoraciones estrictamente geométricas. Si en la iconografía cristiana el triángulo se asocia a Dios, en la musulmana a Alá se lo representa con un cuadrado: ello hace que esta sea la figura central en las decoraciones geométricas de la Alhambra.

Los artesanos nazaríes fueron realizando con esmero todas las decoraciones, de especial belleza por sus trazados, colores y simbolismo. Para ello, se valieron de un sofisticado sistema de reglas y escuadras e hicieron gala de una fina sensibilidad geométrica. Estas decoraciones, culminantes del arte nazarí, quedaron así como un gran legado cultural.

Segundo acto: Cristalografía en los siglos XIX-XX

El estudio de las formas de la cristalografía llevó, de forma independiente pero simultánea, a que Fedorov, Schoenflies y Barlow descubrieran que en el espacio tridimensional había 230 grupos de simetría en cristales. Como caso particular, resultó que los grupos cristalográficos planos eran exactamente de diecisiete tipos, cuya primera aproximación rigurosa la hicieron los matemáticos G. Pólya y P. Niggli.

Tercer acto: Un gran reto matemático en el siglo XX

Sabida la existencia de solo diecisiete grupos de simetría en el plano, muchas fueron las especulaciones de matemáticos sobre ejemplos presentes en la Alhambra. En la obra de Fejes Tóth, se menciona la posibilidad de que hubiese ejemplos de ellos, aunque el gran geómetra B. Grünbaum afirmó que solo trece estaban presentes. Muchos matemáticos siguieron apostando por descubrimientos parciales, pero la cuestión la acabó resolviendo Pérez en 1984 al lograr demostrar explícitamente en su memorable tesis doctoral que los diecisiete grupos están en la Alhambra. Fue un gran placer intelectual formar parte del tribunal de su tesis.

Pedro Pi Calleja

Pedro Pi Calleja (1907-1986) fue uno de los grandes matemáticos españoles del siglo XX. Por su pertenencia al Ejército Republicano, tuvo que exiliarse a Argentina. De regreso a

España, fue catedrático en Murcia, Zaragoza y Barcelona. En la Escuela de Arquitectura de Barcelona, junto con Enric Trillas, fue mi jefe en los años setenta. Recuerdo que, cuando hacía una llamada telefónica, se presentaba diciendo «Pi Calleja, catedrático».

Su afán por la lectura lo llevó a escribir con lápiz en los márgenes cualquier error detectado, incluso en su compañero de viaje: la *Guía Michelin*. De hecho, él mismo ha publicado libros de gran calidad. Con Julio Rey Pastor escribió, junto con Trejo, los tres famosos volúmenes de *Análisis matemático*, conocidos como «los ladrillos». Él era un matemático muy riguroso y enciclopédico, pero, para ilustrar el principio de inducción, se le ocurrió que se podía poner un dibujo con una fila de soldaditos de plomo donde la caída de uno hacía caer a los demás, uno detrás de otro. Soldaditos en lugar de fichas de dominó. Rey Pastor le dijo que antes renunciaría a firmar el libro como coautor que admitiría poner ese dibujo, pero confió las correcciones finales de las pruebas a Pi Calleja y este introdujo su amada ilustración en el último momento.

Cuando vivió en La Plata, que presumía de ser ciudad universitaria, se dio cuenta de que había muchos bares en su calle con música hasta altas horas de la noche. Así, Pi inició una cruzada para pedir al Ayuntamiento que se prohibiera ese desenfreno, pues le molestaba: envió cientos de instancias exponiendo que aquello era impropio de una ciudad universitaria, hasta el punto de que el expediente fue tan grueso que llegó al pleno del Ayuntamiento y fue aceptado. Entonces, Pi escribió como respuesta «Muchas gracias. Pi», lo que inició otro expediente que el Ayuntamiento tenía que contestar. Genio y figura.

Henry O. Pollak

Henry Otto Pollak (1927) es un reconocido matemático austriaco-americano con importantes contribuciones a la teoría de la información y la teoría de grafos. Se formó en las universidades de Yale y Harvard y, en 1951, entró a trabajar en los famosos laboratorios Bell de telecomunicaciones, donde ejerció durante muchos años como director del Centro de Investigación de Matemática y Estadística.

Su extensa obra, típica de un matemático aplicado, incluye temas en diversos campos (análisis, probabilidad, funciones) y se ha dedicado a la resolución de problemas reales en comunicación, redes, datos, sistemas, análisis económico, etc. A partir de cierto momento, también ejerció la docencia en la Universidad de Columbia y popularizó en todo el mundo la enseñanza matemática basada en los procesos de modelización (Pollak, 1997):

> Cada aplicación de la matemática usa la matemática para evaluar o entender o predecir algo que pertenece al mundo no matemático. Lo que caracteriza a la modelización es la atención explícita al principio del proceso, al ir desde el problema fuera del mundo matemático a su formulación matemática, y una reconciliación explícita entre las matemáticas y la situación del mundo real al final. A través del proceso de modelización se presta atención al mundo externo y al matemático y los resultados han de ser matemáticamente correctos y razonables en el contexto del mundo real.

Para ello, H. O. Pollak describió muy minuciosamente los ocho pasos que deben darse en todo proceso de modelización matemática:

1. Se identifica algo en el mundo real que queremos conocer, hacer o entender. El resultado es una cuestión en el mundo real.
2. Seleccionamos objetos que parecen importantes en la cuestión del mundo real e identificamos las relaciones entre ellos. El resultado es la identificación de conceptos clave en la situación del mundo real.

3. Decidimos lo que consideraremos o lo que ignoraremos sobre los objetos y su interrelación. No se puede tomar todo en cuenta. El resultado es una versión idealizada de la cuestión original.
4. Traducimos la versión idealizada a términos matemáticos y obtenemos una formulación matematizada de la cuestión idealizada. A esto lo llamamos un modelo matemático.
5. Identificamos los apartados de la matemática que pueden ser relevantes para el modelo y consideramos sus posibles contribuciones.
6. Usamos métodos matemáticos e ideas para obtener resultados. Así surgen técnicas, ejemplos interesantes, soluciones, aproximaciones, teoremas, algoritmos, etc.
7. Tomamos todos estos resultados y los trasladamos al principio. Tenemos entonces una teoría sobre la cuestión idealizada.
8. Ahora debemos verificar la realidad. ¿Creemos en el resultado? ¿Son los resultados prácticos, las respuestas razonables, las consecuencias aceptables?

    a. Si la respuesta es sí, hemos tenido éxito. Entonces el siguiente trabajo que es difícil pero extraordinariamente importante es comunicar lo encontrado a sus usuarios potenciales.
    b. Si la respuesta es no, volvemos al inicio. ¿Por qué los resultados no son prácticos o las respuestas no razonables o las consecuencias inaceptables? Seguramente el modelo no era correcto. Examinamos lo que pudimos hacer mal y por qué y empezamos de nuevo.

En definitiva, se trata de prestar atención al proceso de trabajar la realidad a través de las matemáticas en dos direcciones opuestas: a partir del contexto, deben crearse esquemas, formular y visualizar los problemas, descubrir relaciones y regularidades, hallar semejanzas con otros problemas, etc., y, trabajando entonces matemáticamente, hallar soluciones y propuestas que necesariamente deben volver a proyectarse en la realidad para analizar su validez y significado.

La última ocasión que estuve con Pollak fue en 2018, en un acto de celebración en Boston del aniversario de nuestro amigo común Sol Garfunkel. Tenía noventa y un años, pero estaba a punto de casarse.

Maria Rúbies

Maria Rúbies Garrofé (1932-1993) fue matemática, profesora de instituto, formadora de maestros en la Escuela Normal de Maestros de la UAB y fundadora de la Escuela Espiga de Lleida. Escribió libros innovadores, introdujo el LOGO, un lenguaje de programación, en las clases y fue pionera en muchas actividades de renovación y mejora de programas y de métodos.

En paralelo a sus actividades docentes, a partir de 1977, tuvo una intensa vida política en el Senado, en el Congreso de los Diputados y en el Parlamento de Cataluña. En los años que pasé con ella, me encantó que narrara su infelicidad por que la incluyesen en la Comisión de Defensa del Congreso. Con toda la razón del mundo, decía: «Yo en educación sí que puedo aportar muchas cosas, pero en defensa nada». Dejó el Parlamento catalán cuando estuvo en desacuerdo con la legislación que protegía todo tipo de juegos y máquinas tragaperras. Como buena matemática, sabía que estos juegos solo favorecen a la banca y crean adicciones a gente muy humilde.

Mi último encuentro con Rúbies fue en A Coruña, donde formamos parte de un tribunal para una plaza de Didáctica de la Matemática. De forma ejemplar, acudió a pesar de que su salud estaba ya muy debilitada. Admirable.

Gonzalo Sánchez Vázquez

Gonzalo Sánchez (1917-1996) fue un hombre de izquierdas que había sufrido el exilio en Maracaibo (Venezuela). Era un gran profesor de Matemáticas y, durante muchos años, fue director de uno de los institutos más emblemáticos de Sevilla. Es bien recordado por miles de alumnos (incluyendo a Alfonso Guerra), apasionado por la geometría clásica, por la poesía, por la educación, por Andalucía y por la belleza femenina.

Cuando conocí a Sánchez ya estaba jubilado, pero era genio y figura de la Sociedad Andaluza de Educación Matemática Thales y de todo el movimiento asociativo que se fue desarrollando. De hecho, él fue el primer presidente federativo. Colaboramos mucho en muchas cosas y en muchos lugares, por lo que trabamos una sólida amistad.

Una lección de vida que nos enseñó en sus últimos años fue cómo, buscando complicidades de todos, era posible generar un movimiento de profesores de amplio espectro y cómo, mediante la labor de las sociedades, era posible influir en cambios y en la formación del propio colectivo.

Me resultó muy triste que, con lo mucho que trabajó Gonzalo para el ICME-8 de Sevilla de 1996, finalmente no pudo estar presente en su inauguración. Pocos meses después falleció.

En un homenaje a su memoria en la Universidad de Sevilla, intervine introduciendo una idea que hizo fortuna: «Si hay un cielo para los profesores de Matemáticas buenos, Gonzalo Sánchez Vázquez ha ingresado en él». Terminé leyendo una pequeña carta:

> Querido Gonzalo:
>
> Hoy, en merecido homenaje, la educación matemática española se viste de luto por lamentar tu ausencia, pero se dispone a mirar el futuro con el beneficio de tu memoria y los frutos de tu legado espiritual. Hemos tenido que aprender a decir adiós al amigo y compañero, a nuestro ilustre sevillano, a nues-

tro admirado presidente, al poeta vital de las construcciones euclídeas, al profesor de Matemáticas que todos hubiéramos querido tener..., al hombre bueno que nos enseñó con su ilusión y empuje el camino correcto por el que debería seguir nuestro colectivo para dignificar, mejorar y ensanchar una profesión que merece nuestro esfuerzo por ser de las más bellas y exigentes. Se ha ido tu sonrisa y tu abrazo, tu apasionado discurso y tu fina ironía, tu candor y tu apoyo. Pero nos has dejado la huella profunda del mensaje positivo de tu vida, toda una pista que tener en cuenta. Tú supiste, como nadie, dedicar tu vida a la enseñanza de las matemáticas, desde el rigor en el pensamiento y el amor por quienes aprenden, desde el entusiasmo y la bondad, desde el respeto y la atención. Tu recuerdo será referencia para todos los que pudimos gozar de tu compañía y amistad. Al menos ocuparán siempre un gran sitio en el cielo matemático de nuestra gratitud. Y ten por seguro que transmitiremos a las futuras generaciones de profesores y profesoras lo mucho que nos diste a todos con la mayor generosidad y entrega. Permite que al final, no siendo yo poeta, acabe esta invocación con un pequeño y sentido poema que Pere Puig Adam dedicó en 1934 a su maestro José M.ª Plans Freyre. El compañero Pedro, como dirías tú, dejó escritos estos versos que hoy hacemos nuestros, en forma unánime, la gente de la renovación educativa matemática.

Su llama de bondad dejó encendida
semilla de saber dejar sembrada.
Si corta fue su vida,
no por eso su ejemplo quedó en nada.
La lección que nos dio no está terminada,
¡y el corazón no olvida!

Adiós, Gonzalo... ¡y gracias!

Años después, Carme Burgués y yo tuvimos la suerte de recibir por parte de la Federación el Premio Gonzalo Sánchez Vázquez a la renovación docente matemática y a los valores humanos. Un gran honor.

Lluís A. Santaló

Lluís Antoni Santaló Sors (1911-2001) se considera el mejor matemático catalán del siglo xx. Nació en Girona en el seno de una familia de siete hermanos con un padre dedicado a la enseñanza. Estudió en el Grupo Escolar Girona y en el Instituto de Girona y era muy brillante. Completado el bachillerato, optó por estudiar en la Universidad Central de Madrid, donde comenzó la carrera de Ingeniería, aunque de inmediato se decantó por estudiar Matemáticas. Allí tuvo ocasión de conocer a Julio Rey Pastor (1888-1962) y Esteve Terrades (1883-1950), personas que desempeñarían un papel importante en su vida profesional.

A pesar de su decisión inicial de convertirse en profesor de secundaria, Julio Rey Pastor, al reconocer su talento matemático, lo animó a ir a estudiar a Hamburgo (Alemania) con el profesor Wilhelm Blaschke (1885-1962), lo que pudo hacer gracias a una beca de la Junta de Ampliación de Estudios. La suerte quiso que en ese momento Blaschke empezara a interesarse por las probabilidades geométricas, tema al que se dedicó Santaló, que se convertiría en el gran líder de la nueva geometría integral. De hecho, su tesis versó al respecto y se presentó en la Universidad Central de Madrid en 1936.

Iniciada la guerra civil, Santaló dejó Madrid y regresó a Girona, donde enseguida pasaría a formar parte del servicio de aviación de la República e iría destinado a Murcia, servicio en el que llegó al grado de capitán en la Escuela de Aviación Militar de Barcelona, donde por cierto escribió *Historia de la aeronáutica* (según él, así se distrajo en la biblioteca).

Hacia el fin de la guerra, tuvo que emprender el exilio a Francia, donde fue a parar al campo de concentración de

Argelès-sur-Mer. Al cabo de un tiempo, logró huir y llegar en tren a París, donde lo acogieron varios matemáticos franceses de la capital hasta que, gracias a la ayuda de Rey Pastor desde Argentina, tomó un barco en Burdeos rumbo a Buenos Aires. Su hermano Marcel fue a México.

Después de una complicada travesía marítima, Santaló llegó a Buenos Aires el 12 de octubre de 1939. En la primera parte de su exilio, Santaló ejerció de profesor en la Universidad Nacional del Litoral de Rosario (1939-1949), ciudad donde se nacionalizó argentino y conoció a la que tenía que ser su esposa, Hilda Rossi, con la que tuvo tres hijas: María Inés, Alicia y Claudia.

En el curso 1948-1949, la Fundación Guggenheim lo becó para una estancia en la Universidad de Princeton y visitar la Universidad de Chicago. En Princeton, conoció a Hermann Weyl, Kurt Gödel, John von Neumann, Deane Montgomery y Albert Einstein, y, pese a que Princeton le ofreció la posibilidad de trabajar, él consideró mejor que la familia siguiera en Argentina.

En su visita a Chicago, encontró a M. H. Stone, André Weil, Zygmund, MacLane, Whitney... Entonces, trabaja durante un tiempo en la Universidad de la Plata (1949-1956), hace una visita a París (1952-1957) y regresa por primera vez a Girona en 1955. Desde 1957, ejerce como profesor en la Facultad de Matemáticas de la Universidad de Buenos Aires hasta 1976, cuando pasó a ser emérito. Fue una época donde obtuvo los máximos reconocimientos académicos argentinos, sudamericanos e internacionales.

Desde sus primeros trabajos con Blaschke sobre geometría integral, él mismo se convirtió en el líder internacional de esta nueva especialidad geométrica que combina el mundo del azar y las probabilidades con las medidas, los grupos de transformaciones y la geometría clásica. Santaló hizo contribuciones a la geometría integral, probabilidades geométricas, geometría diferencial, geometría de los cuerpos convexos, teoría de números y teoría del campo unificado.

Santaló publicó 154 trabajos matemáticos y cinco libros, además de dirigir doce tesis doctorales. Aún hoy existen varios resultados básicos que llevan asociado su nombre: fórmulas cinemáticas de Santaló, fórmula de Santaló sobre la medida en rectas hiperbólicas, desigualdad de Blaschke-Santaló sobre el volumen de Mahler, desigualdad de Santaló sobre triángulos, etc. Él mismo quedó fascinado por que muchos de sus resultados, de gran vuelo matemático, fueran la base de aplicaciones en estereología con interpretaciones de las secciones de cuerpos tridimensionales interesantes en medicina, mineralogía, biología y metalurgia.

Santaló supo combinar su intensa actividad de investigación con una estimable actividad docente. Escribió dieciséis libros de texto universitarios y de secundaria y 86 artículos divulgativos, de educación y conferencias. Destacan diversas contribuciones sobre temas de geometría analítica, proyectiva, vectorial, integral, no euclidiana, sobre estadística y sobre textos de bachillerato centrados en desarrollar la creatividad de los estudiantes. Asimismo, asesoró al Ministerio de Educación argentino, fue alma de la Olimpiada Matemática Argentina y desarrolló una notable labor de formación de profesores de secundaria. También estuvo involucrado en el Comité Interamericano de Educación Matemática, del que fue vicepresidente (1966-1972) y presidente (1972-1979). Y es que siempre tuvo una visión internacional privilegiada.

Al margen de ser académico numerario en diversas academias y comités hispanoamericanos (Madrid, Barcelona, Buenos aires, etc.) y socio de honor de muchas sociedades matemáticas, Santaló recibió muchos reconocimientos: los siete premios científicos más relevantes en Argentina, doctorados *honoris causa* en la UPC (1977), U. Nacional del Nordeste (1977), U. Nacional de Misiones (1982), U. Nacional de Tucumán (1983), UAB (1986), U. Sevilla (1990), U. de San Juan (1991) y Caece (1992); fue miembro del Institut d'Estudis Catalans (IEC) (1977); ha recibido el Premio Príncipe de Asturias (1983), la medalla Narcís Monturiol (1984), la cruz de Sant Jordi (1994), y la Encomienda Alfonso X (1996). Además, en 2000, la UdG puso en marcha la cátedra Lluís A. Santaló, que organiza muchas actividades y homenajes y ha recopilado la obra completa de Santaló, tanto de artículos como de libros.

Al margen de su valía como matemático y como profesor, Santaló fue un esposo, padre y abuelo ejemplar. Un hombre extraordinariamente familiar y trabajador, con gran sentido del humor y de la amistad.

Coincidí con Santaló en lugares diversos del mundo a partir de 1977 y, en mis viajes a Buenos Aires, nos encontrábamos a cenar o iba a verlo a su casa. Tejimos una buena amistad y siempre disfruté de su confianza. Le gustaba mucho recibir noticias de Cataluña, en particular de Girona, y contaba deliciosas historias de su vida. Su esposa, Hilda, siempre me decía: «Vos sos el hijo que él hubiese querido tener»; el motivo del comentario se debía a que ninguna de sus tres hijas había querido estudiar Matemáticas. Gracias a él, pude impartir seminarios y conferencias a profesorado de secundaria en quince ocasiones durante las finales de la Olimpiada Matemática Argentina.

Una encantadora anécdota de la que fui testigo se dio cuando, ya muy mayor, a Santaló le pareció correcto renunciar a todos sus cargos en las numerosas academias que lo tenían como miembro. Escribió su decisión a estas instituciones y, para su sorpresa, todas le solicitaron que hiciera un último acto de despedida, que era precisamente lo que él intentaba eludir.

Berthold Schweizer

Berthold Schweizer (1929-2010) nació en Alemania, pero como tantas familias judías emigró de pequeño a Estados Unidos. Estudió en prestigiosas universidades americanas e hizo la tesis en el Instituto de Tecnología de Illinois con el gran Karl Menger. Fue profesor en las universidades de Arizona y de Massachusetts-Amherst, donde se jubiló en 1996.

Era un hombre estudioso, con muchas ideas e intuiciones matemáticas. Tuvo numerosos doctorandos y un buen número de gente que acogió para trabajar con él, como yo mismo. Para mí, fue un padre matemático con el que colaboré de 1976 a 2010, tiempo durante el que compartimos muchos congresos y escribimos muchos artículos y un libro, pero, por encima de todo, trabé una sólida amistad con él y su familia.

Schweizer, junto con su colega Abe Sklar, lideró el desarrollo de la teoría de espacios métricos probabilísticos, de la cual han surgido las funciones asociativas t-normas, aplicadas hoy a la lógica borrosa y a la inteligencia artificial, y la teoría de cópulas de Sklar, aplicada hoy a estadística y matemática financiera.

Cuando llegué a Amherst, en 1976, yo tenía barba sin bigote, al estilo Abraham Lincoln, pero descubrí con sorpresa que Schweizer llevaba el mismo estilo de barba. Consciente de que la gente del lugar diría que quería imitar a mi mentor, me dejé bigote, y desde entonces sigo con barba completa.

Howard Sherwood

Mi colega Howard Sherwood (1938-2020) hizo su doctorado con mi mentor en Estados Unidos, Berthold Schweizer, y por eso coincidimos los tres en varios congresos.

En una ocasión en que yo estaba visitando a Schweizer, Sherwood tuvo la amabilidad de invitarme a pronunciar una conferencia en su departamento de la Universidad de Florida Central. Fue extraordinariamente amable. Me acompañó por todo Orlando y pasé dos días en su casa. Aquello fue muy especial. Era una familia numerosa y muy religiosa. A las seis de la mañana, nos reuníamos todos en una sala, Schweizer hacía una reflexión religiosa y, a continuación, todos interveníamos explicando el plan del día. Acabado este recogimiento espiritual, nos volcábamos en el desayuno después de que Schweizer rezara una larga oración.

Fue tan amable que incluso me acompañó a visitar a Disneylandia. Schweizer siempre llevaba pantalones cortos y ambos teníamos un cuerpo de un volumen considerable, por lo que nuestra presencia allí, rodeados de familias con niños, resultaba, digamos, vistosa.

Abe Sklar

Abe Sklar (1925-2020) fue un gran matemático y destacan sus contribuciones a la teoría de cópulas, creada por él, y a los espacios métricos probabilísticos, que lideró junto con Berthold Schweizer. Enamorado de Chicago, trabajó con Menger durante muchos años en el Instituto de Tecnología de Illinois.

Sklar fue doctorando de Tom Apostol en Berkeley. Entre sus doctorandos, aparecen personas de gran brillantez, como C. H. Ling, M. J. Frank, Clark Kimberling o Marjorie Senechal.

Al ser soltero, vivió siempre en un pequeño apartamento, en condiciones muy humildes, pero iba a la ópera y gustaba de viajar a Europa.

Conocí a Sklar en 1976 y desde entonces coincidimos en congresos en muchos países, lo visité dos veces en Chicago y él me visitó al menos en cinco ocasiones en Barcelona y escribimos diversos artículos.

Si bien su rigor matemático era enorme y su sabiduría matemática sorprendente (sus colegas antes de ir a la biblioteca iban a su despacho a hacerle preguntas), era sumamente despistado.

Como anecdóta al respecto, cuando nos invitó a Enric Trillas y a mí a comer a un restaurante en Chicago, al llegar descubrimos que hacía ocho años que habían cerrado. Fuimos a otro y, al acabar, ni él ni nosotros recordábamos en cuál de las diez plantas de aparcamiento habíamos dejado el coche, lo que nos llevó a recorrer varias. Sklar siempre conducía un Peugeot francés que adquiría con cierta periodicidad en París, daba una vuelta por Europa con él y luego lo enviaba a Chicago en barco.

Abe Sklar será especialmente recordado por sus cópulas, unas funciones de gran interés estadístico, con interesantes aplicaciones, por ejemplo, en finanzas. El nombre *cópula* induce a recordar el verbo *copular*, que no tiene nada que ver, pero a él le encantaba este carácter picante de sus funciones.

Marshall H. Stone

Cuando conocí a Stone (1903-1989) ya era un mito viviente, un encantador emérito que tenía en su historial haber sido uno de los grandes matemáticos americanos del siglo XX, creador del grupo de Chicago y figura de referencia internacional. Amaba el estructuralismo y era un pésimo expositor, pero de vez en cuando soltaba ideas absolutamente geniales.

Estando yo de becario posdoctoral en la Universidad de Massachusetts-Amherst, me surgió la oportunidad de asistir a dos cursos que impartía, que superé con la nota máxima. Uno era sobre estructuras matemáticas (una parte de ellas las había inventado él) y otro (sesgado) sobre su visión de la historia de la matemática pura, que él adoraba. Cuando al final le pedimos a Stone que hablara de su vida matemática, se negó.

Lo bonito fue que, los días de los cursos, comíamos juntos en la cafetería de la facultad y, por tanto, tuve muchas horas para hablar con él. Solo había un tema tabú: mi admirado Karl Menger, pues en Chicago siempre habían estado alejados. Él era un viajero nato y había estado en todas partes (murió años más tarde en un concierto en la India), y esto llevaba a hablar de mucha gente. Fue amigo de Pedro Pi Calleja y de Lluís Santaló. Hablaba castellano, pero ya no recordaba casi nada, aunque me gastaba siempre la broma «Le reto a un tinto», y siempre me llamó Claudio, pues lo de Claudi lo encontraba exótico.

Respecto a los nombres, a Stone le encantaba narrar las ocasiones en que, al llegar a un aeropuerto, cruzaba rápidamente los rigurosos controles de inmigración americanos enseñando su pasaporte, ante lo cual el policía de turno gritaba enseguida: «Es un Marshall, que pase».

En el mundo matemático internacional, era popular la pregunta «¿Cuál es la mejor manera de encontrarse con Marshall H. Stone?», y la respuesta era: «Quédate donde estés, que él ya vendrá». En efecto, me encontré a Stone no solo en Amherst cuando iba a verlo a su casa, sino en lugares como Berkeley o Helsinki.

El primer día que fuimos a comer juntos, le dije: «Cuando estudiaba Matemáticas, me impresionó mucho su teorema» (recordando el famoso teorema de Stone-Weierstrass). Él me respondió: «¿Cuál de mis 378 teoremas?». Se lo aclaré inmediatamente.

René Thom

El eminente matemático francés René Thom (1923-2002) se interesó por clasificar una serie muy amplia de funciones y sus superficies desde el punto de vista de la geometría diferencial. Hizo aportaciones analíticas muy interesantes e ideó un nombre sorprendente para ellas: teoría de catástrofes. El nombre se abrió camino entre los medios de comunicación y se difundió la idea, totalmente errónea, de que con esta teoría podrían evitarse todo tipo de catástrofes o entenderlas, desde bancarrotas económicas hasta terremotos, pandemias, maremotos, etc. Pero el tiempo dejó claro que la teoría era un modelo matemático incapaz de lidiar con catástrofes reales. No obstante, sí que sirvió para desarrollar otra teoría matemática sobre el caos.

Solo pude asistir a una presentación suya, en la época que él aún vendía el interés social de su supuesta lucha contra las catástrofes. En matemáticas, son mejores los nombres técnicos que los ambiguos o engañosos.

Enric Trillas

Enric Trillas Ruiz es un eminente matemático que ha liderado el campo de la lógica borrosa y sus aplicaciones a la inteligencia artificial en España, además de crear una amplia escuela de investigadores. Ha presidido diversas instituciones nacionales de investigación, como el Consejo Superior de Investigaciones Científicas (CSIC), donde impulsó las investigaciones en la Antártida.

Trillas fue mi profesor de Estadística en Matemáticas y, al acabar la carrera, me incorporó a su equipo de profesores en la Escuela Técnica Superior de Arquitectura de Barcelona (ETSAB). Fue mi director de tesis y, desde 1974, colaboramos en investigaciones de interés común. Su imaginación y fuerza para desarrollar temas y organizar eventos o centros siempre ha sido destacada.

Durante los años en que trabajamos juntos en la ETSAB, logramos dar un nuevo enfoque docente a la formación matemática de los arquitectos. A todos sus jóvenes colaboradores de aquella época nos denominaban «los Trillitas», nombre que, en mi caso, dado mi considerable volumen, era un poco estridente. Luego, Trillas se incorporaría a la Universidad Politécnica de Madrid y, más tarde, a un centro que creó en Mieres.

En una ocasión, fuimos juntos al aeropuerto a recibir a un profesor invitado cuya apariencia desconocíamos, pero sabíamos que cojeaba mucho al andar. Así pudimos saber quién era. El profesor preguntó cómo habíamos logrado reconocerlo, y Trillas, que siempre ha sido un gran diplomático, le contestó: «Su cara es inconfundiblemente la de un matemático». Años después, el profesor aún decía que no entendía cómo lo habíamos reconocido.

Lofti A. Zadeh

Lotfi Asker Zadeh (1921-2017), nacido en Azerbaiyán, pero nacionalizado americano, fue un ingeniero eléctrico, informático, matemático y pensador. Ejerció como profesor de Inteligencia Artificial en Berkeley. No obstante, será recordado por ser el padre de los conjuntos difusos o borrosos (*fuzzy sets*) en 1965 y, con ellos, de la lógica borrosa.

La idea clave de los conjuntos borrosos la publicó muchos años antes Karl Menger, pero no la desarrolló. Esta se basa en que, si bien en los conjuntos clásicos un elemento pertenece a un conjunto o no, en el modelo de Zadeh cada elemento puede tener un valor de pertenencia entre 0 y 1; es decir, entre el blanco y el negro, hay una infinidad de grises. Algunas de sus aplicaciones se encuentran hoy en lavadoras con programas que funcionan con base en el análisis previo del grado de suciedad de la ropa, controles de frenado o aceleración en ferrocarriles, cámaras de fotografía, robots, etc. En España, el líder de la lógica borrosa ha sido Enric Trillas y su escuela, en la cual me he situado. Por ello, tuve gran contacto con Zadeh.

Como buen conferenciante americano, a Zadeh le gustaba incluir algún chiste muy bueno en sus conferencias para captar la atención del auditorio. Según me contó en su casa de Berkeley, había estado en China, donde contó la siguiente historia: «Un señor consulta el sistema experto de una computadora dotada de inteligencia artificial y formula la pregunta trampa: "¿Dónde está mi padre ahora?", a lo que la computadora responde inmediatamente: "Está pescando en Nueva Inglaterra". Muy satisfecho, el señor escribe: "Te has equivocado. Mi padre murió hace años”. Al momento, la máquina replica: “No me he equivocado. El marido de tu madre murió hace años, pero tu padre está pescando hoy en Nueva Inglaterra”». La sorpresa fue que nadie del auditorio chino pilló el chiste.

Epílogo

Si has llegado a este apartado tras haber recorrido los textos anteriores, muchas gracias por tu atención. Deseo que, de la lectura, te quede una impresión positiva sobre la gente de matemáticas y sobre la propia disciplina. Este librito no es un texto técnico y en él he intentado dar valor a los rasgos humanos de las matemáticas. Desafortunadamente, la mayoría de los libros sobre la historia de la disciplina han obviado la faceta humana que subyace a la creatividad matemática y ofrecen una descripción centrada en la evolución de conceptos o técnicas. De hecho, casi todos los matemáticos han renunciado a escribir sus memorias y, con ello, nos han privado de apreciar sus ilusiones, sus anhelos personales y científicos.

Si has llegado a este apartado directamente, sin haber recorrido antes los textos anteriores, te sugiero que reconsideres tu actitud y te animes a hojear, aunque sea al azar, algún apartado que creas que puede interesarte.

Acabo este epílogo con el lema que siempre digo al final de mis conferencias:

> La matemática rigurosa se hace con la mente,
> la matemática hermosa se enseña con el corazón.

Claudi Alsina

Solucionario retos recreativos

1. 11 + 1 no da 10, pero, si giras el libro 180°, aparece la igualdad 1 + 9 = 10, que es cierta. Un caso muy curioso: la validez de una igualdad puede depender de la posición.

2. Hacer puré y repartir con una cuchara.

3. Ni es verdadera ni es falsa. Se trata de una expresión que predica algo sobre sí misma y a este tipo de frases no se puede atribuir un valor de verdad o falsedad.

4. Mil. Por sentido común, debemos buscar directamente una solución, y esto no pasa por ir contando 1, 2, 3…

5. Catorce. Empieza por a, b, c…

6. La edad del conductor es la tuya. Fíjate en que el texto dice: «Si conduces un autobús…».

7. Por sentido común, la fuente del error fue el metro de sastre, que era antiguo y estaba muy gastado; de hecho, medía unos 95 cm. Algo que pasa a menudo desapercibido es que los instrumentos de medida pueden no estar bien, por lo que, aunque el proceso sea correcto, las mediciones heredan el error instrumental.

8.

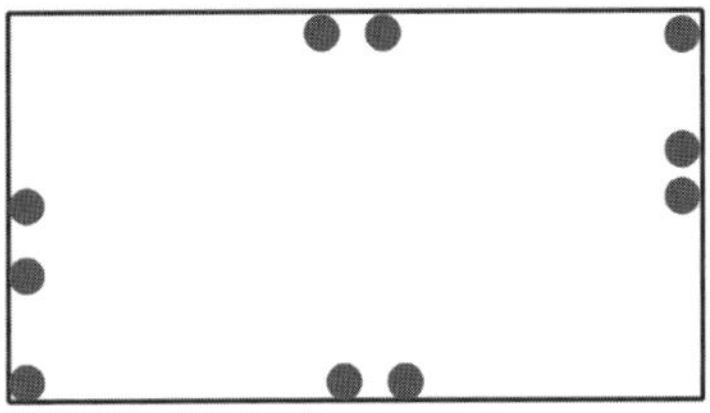

Distribución resuelta

9. Sin necesidad de la calculadora ni del teorema de Pitágoras, coloca la caja en una esquina de la mesa. Ayudándote de la cinta métrica, desplaza la caja tal como indica la figura y podrás medir directamente la diagonal.

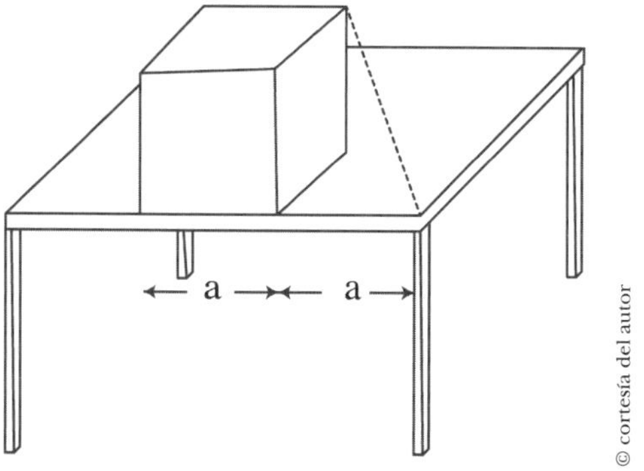

Mover caja para medir por fuera su diagonal

10. Resulta sospechoso que un vendedor profesional ofrezca esta elección en lugar de lo más ventajoso para el cliente, pero detrás de la supuesta oferta no hay nada: el resultado es el mismo si primero hace la rebaja y luego aplica el IVA que si primero carga el IVA y luego hace la rebaja. Piensa multiplicando: rebajar el 10 % es pagar el 90 % y añadir el IVA es pagar el 108 %, y por supuesto 90 × 108 = 108 × 90.

11. Si, por ejemplo, el servicio hubiese costado 100 euros y no le cargan el 21 % de IVA, se paga 100, pero un descuento del 21 % sobre el precio final de 121 euros da 95,55. No cobrar el IVA es hacer menos descuento que rebajar el tanto por ciento que indica el IVA del precio final.

12. El sentido común espacial permite intuir que sí se puede: inclinando la mesa con la superficie perpendicular al suelo y metiendo primero dos patas. El único requerimiento para que la maniobra sea posible es que la habitación receptora admita este proceso (un pasillo, por ejemplo, quizás no lo haga).

13. La vertical se desplaza hacia abajo y la superior hacia abajo a la izquierda.

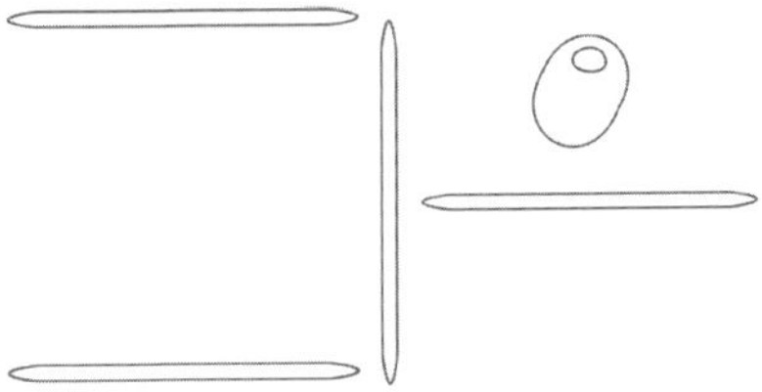

© cortesía del autor

Aceituna liberada

14. Tiene forma esférica.

15. Se trata de una frase cierta, pues la palabra *ambos* empieza por a, pero nada tiene que ver con la cuestión del cuervo y el pupitre. Surrealismo en estado puro.

16. La letra e.

17. Es evidente que 48 latas caben perfectamente situadas en la caja de medidas $8d \times 6d \times H$. Pero pueden caber 50 latas: colócalas formando un empaquetamiento hexagonal donde cada lata interior toca a seis latas.

18. Es suficiente pensar el problema en el plano con un cuadrado 3,9 cm × 3,9 cm y verificar que once cuadraditos de lado 1 caben en el cuadrado.

19. Ni más ni menos.

20. Joaquín es un pez, Blanca es una gata que ha tirado al suelo la pecera donde estaba Joaquín y ahora piensa comérselo... Muchos enigmas divertidos, como este, plantean el reto de imaginar una situación razonable en la cual el enunciado del enigma tenga sentido y pueda responderse a lo planteado.

21.

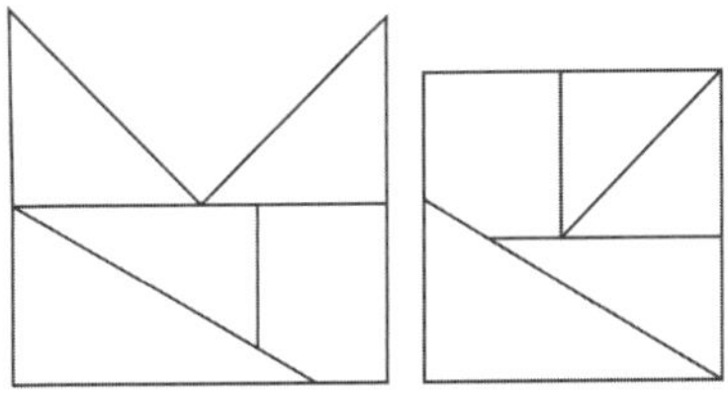

© cortesía del autor

Del pentágono cóncavo al cuadrado

22.

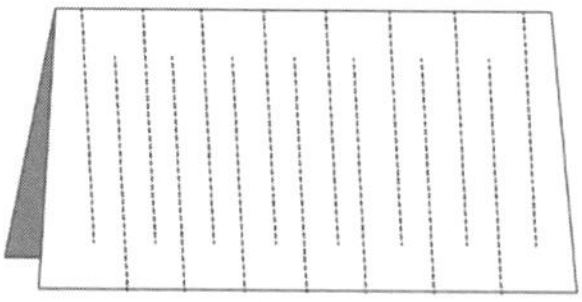

Recortando el largo cinturón

Tal como indica la figura, se pueden dibujar unas líneas rectas y luego recortar los segmentos indicados por puntos.

23. La sorpresa es que con veintiún cortes es suficiente para obtener la división en un millón de cubitos. Para detalles, véase Tanton, 2001. Observa los primeros pasos. Con tres cortes, se obtienen ocho cubitos; con seis, ya se pueden obtener veintisiete, etc.

24. Dos piezas.

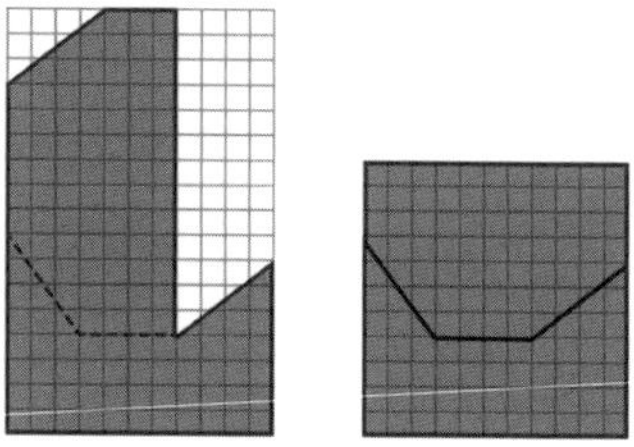

De la silla al cuadrado

25. Al considerar una tercera diagonal, se observa que las tres diagonales son iguales y forman un triángulo equilátero; por lo tanto, las diagonales forman entre sí un ángulo de 60°.

Bibliografía

ALBERTS, D. J., y G. L. ALEXANDERSON, *Mathematical People: Profiles and Interviews,* Boston, Birkhäuser, 1985.

ALSINA, C., *El club de la hipotenusa: un paseo por la historia de las matemáticas a través de sus anécdotas más divertidas,* Barcelona, Ariel, 2008.

—, *Todo está en los números,* Barcelona, Ariel, 2017.

ALSINA, C., y M. DE GUZMÁN, *Los matemáticos no son gente seria,* Barcelona, Rubes, 1996.

ALSINA, C., y R. B. NELSEN, *Math Made Visual. Creating Images for Understanding Mathematics,* Washington, Mathematical Association of America, 2006.

—, *Charming Proofs: A Journey Into Elegant Mathematics,* Washington, Mathematical Association of America, 2010. [Hay trad. cast.: *Demostraciones encantadoras: un viaje por las matemáticas elegantes,* Madrid, RSME y SM, 2020.]

ALSINA, C., A. AUBANELL y C. BURGUÉS, *Tres professors de Matemàtiques: com fer estimar i aprendre bé les matemàtiques,* Barcelona, Publicacions Rosa Sensat, 2019.

—, *Anima't! Provocar l'interès per aprendre matemàtiques,* Barcelona, Publicacions Rosa Sensat, 2023.

ANDRÉS, R., *Semper dolens: historia del suicidio en Occidente,* Madrid, Acantilado, 2015.

AUBANELL, A., *Recursos materials i activitats experimentals en l'educació matemàtica a secundària, Memòria de la llicència d'estudis retribuïda corresponent al curs 2005-2006 en l'especialitat de Matemàtiques,* Barcelona, Departament d'Ensenyament, Generalitat de Catalunya, 2006.

—, «Experiències i emocions en educació matemàtica», Noubiaix, 42 (2018), pp. 90-96.

BALL, W. W., y A. DOWS, *A Short Account of the History of Mathematics*, Nueva York, Dover, 1960.

BLASCO, F., *Matemagia: los mejores trucos para entender los números*, Barcelona, Ariel, 2016.

BLASCO, F., y J. MEDINA, *Tu hijo puede ser un genio de las mates: ayúdale a estudiar matemáticas de una forma eficaz y divertida*, Madrid, Martínez Roca, 2013.

BUZBEE, L., *Blackboard: A Personal History of the Classroom*, Washington, Graywolf Press, 2014.

CAJORI, F., *History of Mathematics*, Nueva York, Chelsea Pub.,1980.

CALVO M. C., *et al.*, *Aprender a enseñar matemáticas en la educación secundaria obligatoria*, Madrid, Síntesis, 2016.

CANALS, M. A., *Col·lecció de llibres i quaderns*, Barcelona, Publicacions Rosa Sensat, 1979-2011.

CAPÓ, M., *Problemas de ingenio para segundo ciclo de secundaria*, Madrid, CCS, 2010.

—, *Problemas de ingenio para primaria*, Madrid, CCS, 2013.

—, *Problemas de ingenio para primer ciclo de secundaria*, Madrid, CCS, 2013.

CORBALÁN, F., *Matemáticas de la vida misma*, Barcelona, Graó, 2007.

COURANT, R., y H. ROBBINS, *¿Qué es la Matemática?*, Madrid, Aguilar, 1979.

DEULOFEU, J. (dir.), *Colección desafíos matemáticos*, Barcelona, Gedisa, 2019.

DUDENEY, H., *536 Puzzles & Curious Problems*, Nueva York, Charles Scribner's Sons, 1967.

DUDLEY, U., *Mathematical Cranks*, Washington, MAA, 1992.

ESTALELLA, J., *Ciencia recreativa*, Barcelona, Gustavo Gili, 1920.

EVES, H., *An Introduction to the History of Mathematics*, Nueva York, Holt, Rinehart & Winston, 1976.

GARDNER, M., *¡Aja! Paradojas que te hacen pensar*, Barcelona, RBA, 2013.

GRIMA, C., *¡Que las matemáticas te acompañen!*, Barcelona, Ariel, 2018.

GUZMÁN, M. DE, *Aventuras matemáticas*, Barcelona, Labor, 1986.

—, *Para pensar mejor*, Barcelona, Labor, 1991.

Ibáñez, R., y A. Pérez (coords.), *El rostro humano de las matemáticas,* Madrid, Nivola, 2008.

Markowsky, G., «Misconceptions about the Golden Ratio», *The College Mathematics Journal,* 23, 1 (1992), pp. 2-19, <https://doi.org/10.1080/07468342.1992.11973428>.

Mason, J., E. Burton, y K. Tacey, *Pensar matemáticamente,* Madrid, Anagrama, 2000.

Meavilla, V., *Aprendiendo matemáticas con los grandes maestros,* Madrid, Almuzara, 2017.

Muñoz, J., *Ernesto: el aprendiz de matemago,* Madrid, Nivola, 2010.

Nelsen, R. B., *Proofs Without Words, I,* Washington, MAA, 1993.

—, *Proofs Without Words, II,* Washington, MAA, 2000.

—, *Proofs Without Words, III,* Washington, MAA, 2016.

Nomdedeu, X., *Mujeres, manzanas y matemáticas,* Madrid, Nivola, 2000.

Osen, L. M., *Women in Mathematics,* Cambridge, MIT Press, 1994.

Pappas, T., *Mathematical Scandals,* San Carlos (California), Wide World Publishing y Tetra, 2003.

Paulos, J. A., *Mathematics and Humor,* Chicago, University of Chicago Press, 1980.

—, *El hombre anumérico,* Barcelona, Tusquets, 1990.

—, *Un matemático lee el periódico,* Barcelona, Tusquets, 1996.

Perelman, Y., *Matemáticas recreativas,* Barcelona, Martínez Roca, 2000.

Pérez, R., «The four regular mosaics missing in the Alhambra», *Computers and Mathematics with Applications,* 14, 2 (1987), pp. 133-137.

Pérez, R., *et al., Vivo la Alhambra,* Granada, Proyecto Sur, 2004.

Pérez, A. (dir.), *La matemática en sus personajes* (Colección), Madrid, Nivola.

Pla, J., *Damunt les espatlles de gegants,* Barcelona, La Magrana, 1998.

Pólya, G., *How to Solve it,* Garden City (Nueva York), Doubleday Anchor, 1954.

Pollak, H. O., «Solving Problems in the Real World», en L. A. Steen (ed.), *Why Numbers Count: Quantitative Literacy for Tomorrow's America,* Nueva York, The College Board, 1997.

Puig, P., *El material didáctico actual, XI reunión de la Comisión Internacional para el Estudio y la Enseñanza Matemática y Exposición*

Internacional simultánea (Madrid, 21-27 de abril de 1957), Madrid, Publicaciones de la revista *Enseñanza Media*, 1958.

REY, J., y J. BABINI, *Historia de la matemática: de la Antigüedad a la Baja Edad Media, vol. I*, Barcelona, Gedisa, 1997.

—, *Historia de la matemática: del Renacimiento a finales del siglo XX, vol. II*, Madrid, Cladema, 2013.

ROURE, S. W., *A Short Account of the History of Mathematics*, Nueva York, Dover, 1908.

SANTALÓ, L., *L'educació matemàtica, avui*, Barcelona, Teide, 1975.

—, *La matemàtica: una filosofia i una tècnica*, Vic, EUMO, 1993.

STEEN, L. A. (ed.), *Las matemáticas en la vida cotidiana*, Madrid, Addison-Wesley y UAM, 1998.

STRUIK, D. J., *A Concise History of Mathematics*, Nueva York, Dover, 1987.

TANTON, J., *Solve This. Math Activities for Students and Clubs*, Washington, MAA, 2001.

Fuentes electrónicas

Diamond, «¿Sabía que hay matemáticos muy importantes que se suicidaron?», *Gaussianos,* 22/01/2009, <https://www.gaussianos.com/matematicos-que-cometieron-suicidio/>.

FESPM, «Hablamos con Luis Balbuena», *YouTube,* 13/03/2021, <https://www.youtube.com/watch?v=P_WO0mJV328>.

—, «Hablamos con… Carme Burgués Flamarich», *YouTube,* 01/04/2021, <https://www.youtube.com/watch?v=F6muizW5Z9A>.

—, «Hablamos con Anton Aubanell», *YouTube,* 22/04/2021, <https://www.youtube.com/watch?v=IUVLc0xywpQ>.

Historia y Biografías, «Disputas matemáticas en el siglo XVI: Tartaglia, Cardano y Del Ferro», *Historia y Biografías,* s.f., <https://historiaybiografias.com/disputas_matematicas>.

Instituto de Investigación Matemática Oberwolfach (MFO), «Oberwolfach Photo Collection», *MFO,* s.f., <https://opc.mfo.de>.

Jerry Grossman's Webpage, «The Number Erdös Project», *Jerry Grossman's Webpage,* 4/01/2022, <https://www.oakland.edu/enp/>.

Knaomi999, «The Professor's Song Tom Lehrer», *YouTube,* <https://www.youtube.com/watch?v=zxFCQplZgKI>.

Math Puzzle, «Cyclopedia of 5000 puzzles», *Math Puzzle,* s.f., <http://www.mathpuzzle.com/loyd>.

Sociedad Madrileña Emma Castelnuovo, «Entre Maestros: CARME BURGUÉS. Tendiendo puentes: Conexiones matemáticas. Parte 1 de 3», *YouTube,* 23/10/2021, <https://www.youtube.com/watch?v=D6VAXQNvE2w>.

Themisfitodity, «Tom Lehrer: Lobachevsky (with lyrics) 1953», *YouTube*, <https://www.youtube.com/watch?v=gXlfXirQF3A>.

17 JAEM, «17 JAEM. 23 Claudi Alsina y Carme Burgués. Buenos, mejorables e incorregibles», *YouTube*, 13/07/2015, <https://www.youtube.com/watch?v=oqqzCnHQ_VY>.

Webs de interés

American Mathematical Society (AMS): <http://www.ams.org>.

Federación Española de Sociedades de Profesores de Matemáticas (FESPM): <http://fespm.es>, <http://revistasuma.es> (revista).

Federació d'Entitats per a l'Ensenyament de les Matemàtiques a Catalunya (FEEMCAT): <http://feemcat.org>, <https://www.raco.cat/index.php/Noubiaix> (revista).

Mathematical Association of America (MAA): <http://www.maa.org>.

Mathematics Genealogy Project: <http://www.genealogy.math.ndsu.nodak.edu/>.

MacTutor (biografías de matemáticos): <https://mathshistory.st-andrews.ac.uk/Biographies/>.

National Council of Teachers of Mathematics (NCTM): <http://www.nctm.org>.

Real Sociedad Matemática Española (RSME): <http://www.rsme.es>, <https://divulgamat.net>.

The NRICH Project University of Cambridge: <https://nrich.maths.org>.

The Pi-Search Page: <https://www.angio.net/pi/>.

Índice completo